方案 12

方案16

方案24

扫描二维码，可查看
本书部分案例的装修
效果图

扫描二维码，可下载
本书所有案例的全套
设计施工图纸包

扫描二维码，可查看
《精品家装设计施工
CAD详图集.大户型 复
式 别墅》部分案例的
装修效果图

精品家装设计施工 CAD 详图集

中小户型

土木在线　组织编写

扫描二维码，
可查看本书部分案例的装修效果图

扫描二维码，
可下载本书所有案例的全套设计施工图纸包

扫描二维码，
可查看《精品家装设计施工
CAD详图集. 大户型 复式 别墅》
部分案例的装修效果图

·北京·

图书在版编目（CIP）数据

精品家装设计施工 CAD 详图集. 中小户型/土木在
线组织编写. —北京：化学工业出版社，2016.11
　ISBN 978-7-122-28268-2

　Ⅰ.①精…　Ⅱ.①土…　Ⅲ.①住宅-室内装饰设计-
图集　Ⅳ.①TU241-64

中国版本图书馆 CIP 数据核字（2016）第 244728 号

责任编辑：王　斌　邹　宁
责任校对：王　静　　　　　　　　　　　　　装帧设计：王晓宇

出版发行：化学工业出版社（北京市东城区青年湖南街 13 号　邮政编码 100011）
印　　刷：北京云浩印刷有限责任公司
装　　订：三河市骏发装订厂
889mm×1194mm　1/16　印张 9　彩插 4　字数 236 千字　2017 年 3 月北京第 1 版第 1 次印刷

购书咨询：010-64518888（传真：010-64519686）　　售后服务：010-64518899
网　　址：http://www.cip.com.cn
凡购买本书，如有缺损质量问题，本社销售中心负责调换。

定　　价：45.00 元　　　　　　　　　　　　　　　　　　　　　　版权所有　违者必究

目　　录

方案1: 一室 35m²

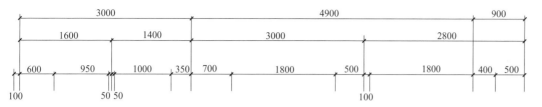

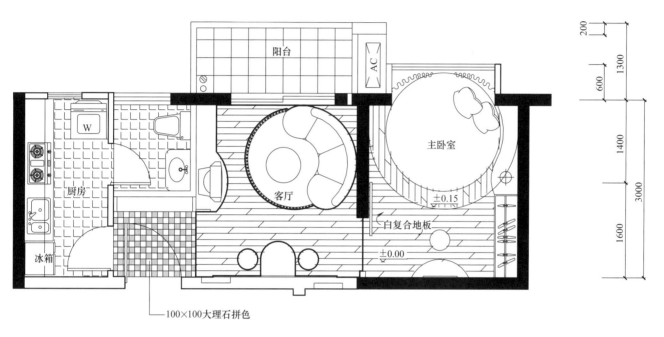

平面布置图

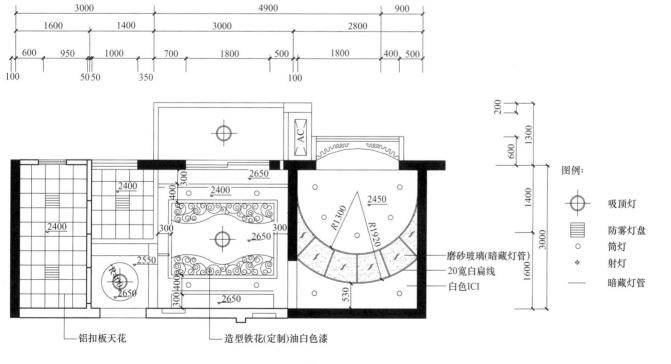

图例:

⊕	吸顶灯
▤	防雾灯盘
○	筒灯
✧	射灯
—	暗藏灯管

天花布置图

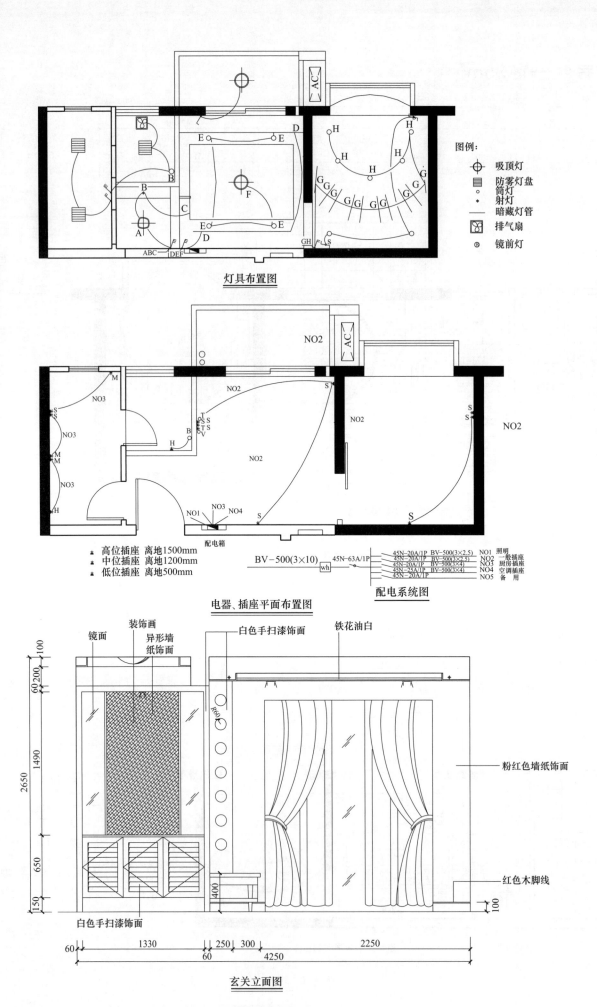

图例:
⊕ 吸顶灯
▤ 防雾灯盘
○ 筒灯
◆ 射灯
— 暗藏灯管
▨ 排气扇
Ⓜ 镜前灯

灯具布置图

高位插座 离地1500mm
中位插座 离地1200mm
低位插座 离地500mm

配电箱

BV-500(3×10)
wh
45N-63A/1P
45N-20A/1P BV-500(3×2.5) NO1 照明
45N-20A/1P BV-500(3×2.5) NO2 一般插座
45N-20A/1P BV-500(3×4) NO3 厨房插座
45N-25A/1P BV-500(3×4) NO4 空调插座
45N-20A/1P NO5 备用

配电系统图

电器、插座平面布置图

镜面
装饰画
异形墙纸饰面
白色手扫漆饰面
铁花油白

粉红色墙纸饰面

红色木脚线

白色手扫漆饰面

玄关立面图

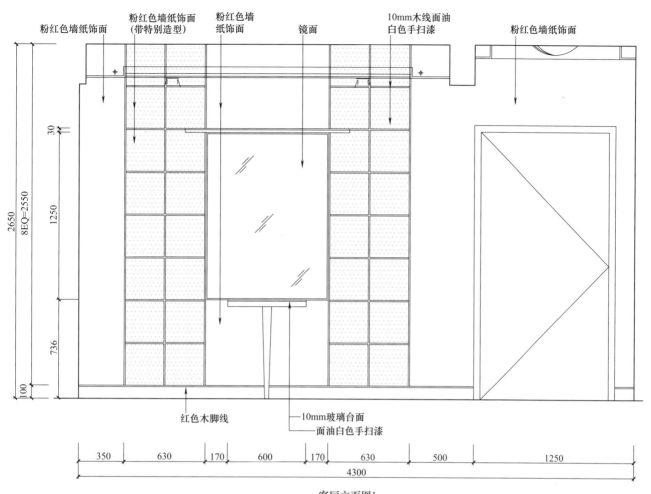

粉红色墙纸饰面　粉红色墙纸饰面　粉红色墙　镜面　10mm木线面油　粉红色墙纸饰面
　　　　　　　（带特别造型）　纸饰面　　　　　　白色手扫漆

2650
8EQ=2550
30
1250
736
100

350　630　170　600　170　630　500　1250
4300

红色木脚线　　10mm玻璃台面
　　　　　　面油白色手扫漆

客厅立面图1

玻璃层板　铁花油白　红色墙纸饰面　玻璃层板
　　　　　　　　　　　　　　50mm扁线面油白色手扫漆
　　　　　　　　　　　　　　粉红色墙纸饰面

OPEN

170
80
550
50
2650
1400
140
40
40
140
40
100

面油白色手扫漆　面油白　红色木脚线
　　　　　　色手扫漆

1100　1000　150　500　150
2900

客厅立面图2

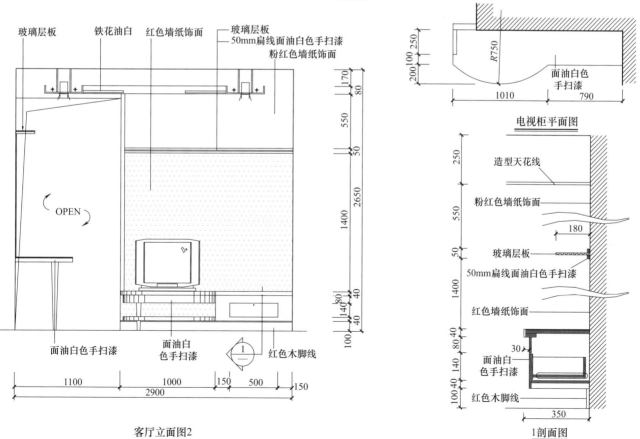

R750
200 100 250

面油白色
手扫漆
1010　790

电视柜平面图

250
造型天花线
550
粉红色墙纸饰面
180
50
玻璃层板
50mm扁线面油白色手扫漆
1400
红色墙纸饰面
80 40
面油白
色手扫漆
100 40 140
30
红色木脚线
350

1剖面图

3

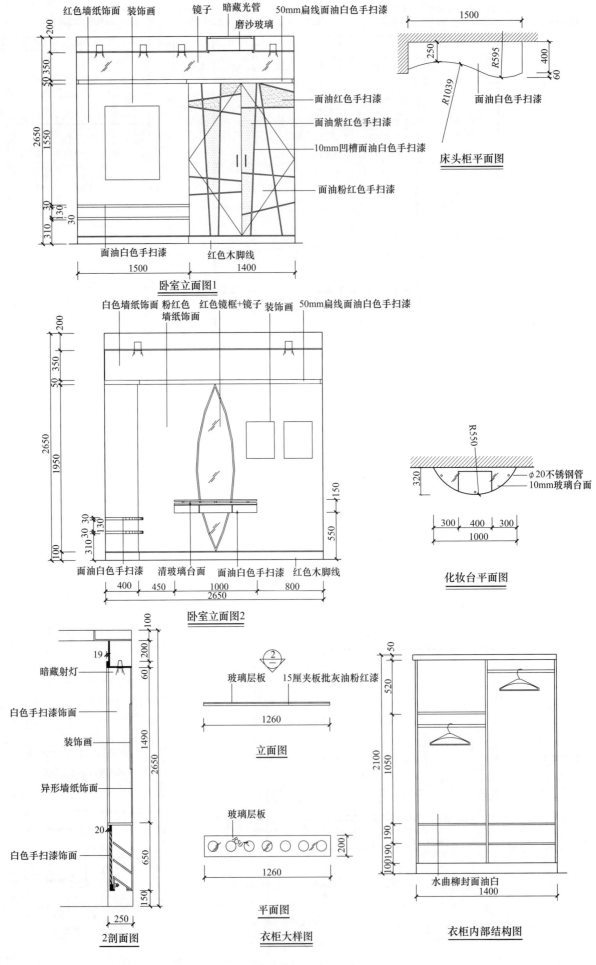

红色墙纸饰面　装饰画　镜子　暗藏光管　50mm扁线面油白色手扫漆
磨沙玻璃

面油红色手扫漆
面油紫红色手扫漆
10mm凹槽面油白色手扫漆
面油粉红色手扫漆

床头柜平面图

面油白色手扫漆　　红色木脚线

卧室立面图1

白色墙纸饰面　粉红色　红色镜框+镜子　装饰画　50mm扁线面油白色手扫漆
墙纸饰面

面油白色手扫漆　清玻璃台面　面油白色手扫漆　红色木脚线

卧室立面图2

φ20不锈钢管
10mm玻璃台面

化妆台平面图

暗藏射灯
白色手扫漆饰面
装饰画
异形墙纸饰面
白色手扫漆饰面

2剖面图

玻璃层板　15厘夹板批灰油粉红漆

立面图

玻璃层板

平面图

衣柜大样图

水曲柳封面油白

衣柜内部结构图

4

方案 2：一室 51m²

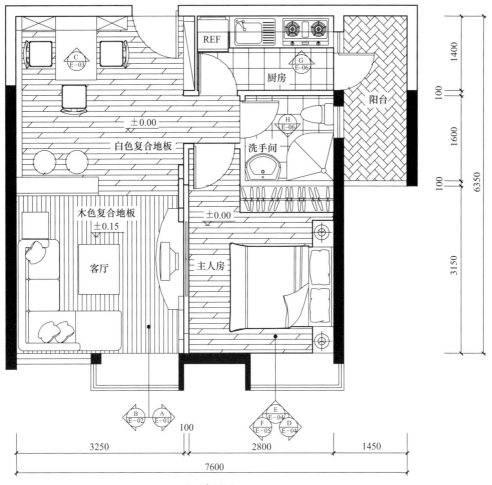

平面布置图

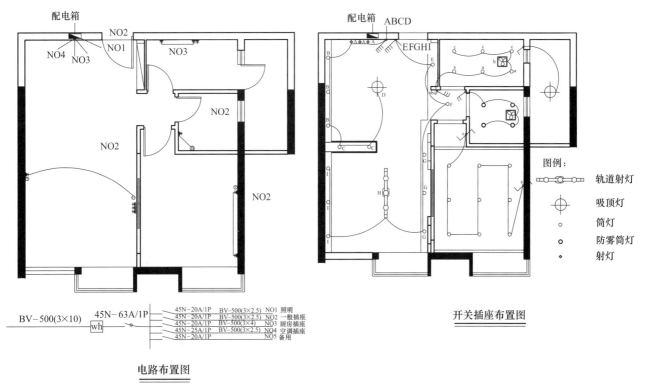

电路布置图

开关插座布置图

图例：

轨道射灯

吸顶灯

筒灯

防雾筒灯

射灯

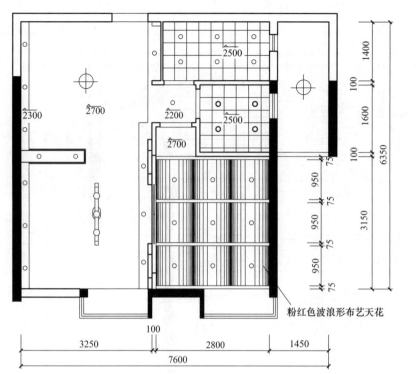

图例:

━◯◯◯◯━ 轨道射灯

⊕ 吸顶灯

◦ 筒灯

◉ 防雾筒灯

粉红色波浪形布艺天花

天花布置图

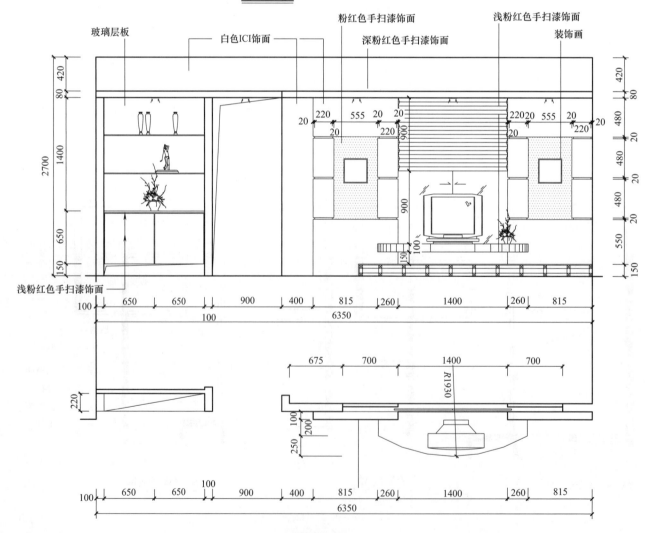

玻璃层板

白色ICI饰面

粉红色手扫漆饰面

深粉红色手扫漆饰面

浅粉红色手扫漆饰面

装饰画

浅粉红色手扫漆饰面

客厅电视背景墙图

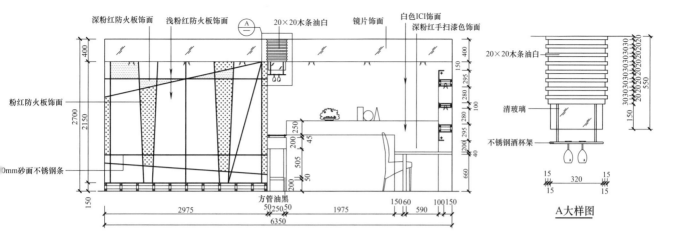

深粉红防火板饰面　　浅粉红防火板饰面　　20×20木条油白　　镜片饰面　　白色ICI饰面　　深粉红手扫漆色饰面

粉红防火板饰面

0mm砂面不锈钢条

方管油黑

20×20木条油白

清玻璃

不锈钢酒杯架

A大样图

客厅侧立面图1

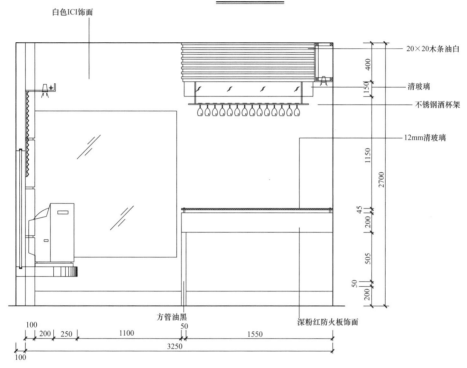

白色ICI饰面

20×20木条油白

清玻璃

不锈钢酒杯架

12mm清玻璃

方管油黑

深粉红防火板饰面

客厅侧立面图2

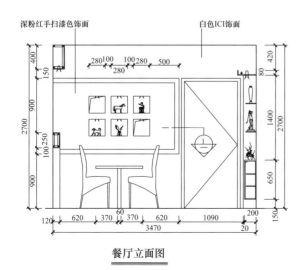

深粉红手扫漆色饰面　　白色ICI饰面

餐厅立面图

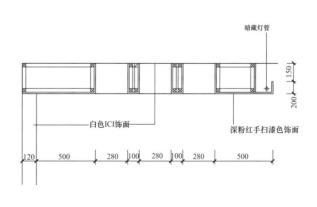

暗藏灯管

白色ICI饰面

深粉红手扫漆色饰面

1剖面图

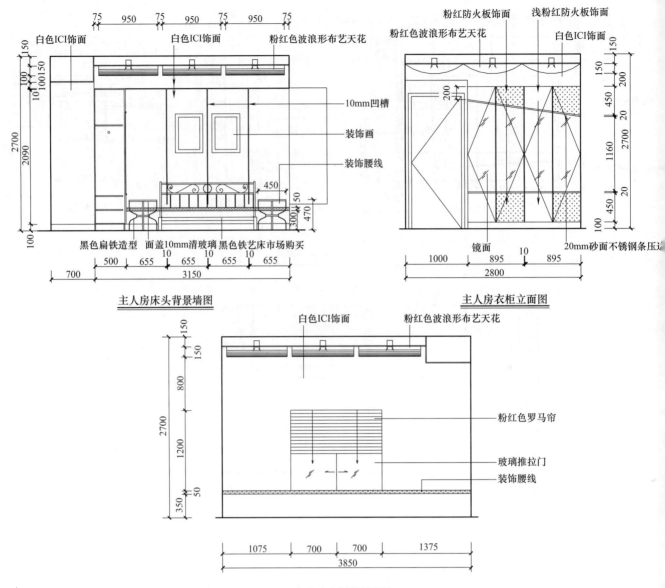

主人房床头背景墙图

白色ICI饰面　白色ICI饰面　粉红色波浪形布艺天花

10mm凹槽
装饰画
装饰腰线

黑色扁铁造型　面盖10mm清玻璃　黑色铁艺床市场购买

主人房衣柜立面图

粉红防火板饰面　浅粉红防火板饰面
粉红色波浪形布艺天花　　白色ICI饰面

镜面　　20mm砂面不锈钢条压边

主人房电视背景墙图

白色ICI饰面　　粉红色波浪形布艺天花

粉红色罗马帘
玻璃推拉门
装饰腰线

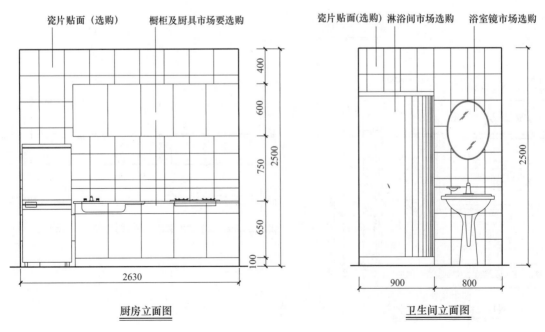

瓷片贴面（选购）　橱柜及厨具市场要选购

厨房立面图

瓷片贴面(选购)　淋浴间市场选购　浴室镜市场选购

卫生间立面图

方案 3：零室 51.3m²

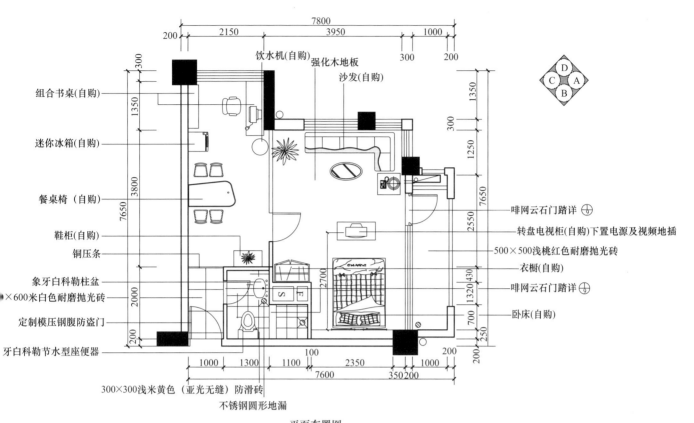

平面布置图

图中标注：

- 组合书桌(自购)
- 迷你冰箱(自购)
- 餐桌椅（自购）
- 鞋柜(自购)
- 铜压条
- 象牙白科勒柱盆
- ×600米白色耐磨抛光砖
- 定制模压钢腹防盗门
- 牙白科勒节水型座便器
- 300×300浅米黄色（亚光无缝）防滑砖
- 不锈钢圆形地漏
- 饮水机(自购)
- 强化木地板
- 沙发(自购)
- 啡网云石门踏详
- 转盘电视柜(自购)下置电源及视频地插
- 500×500浅桃红色耐磨抛光砖
- 衣橱(自购)
- 啡网云石门踏详
- 卧床(自购)

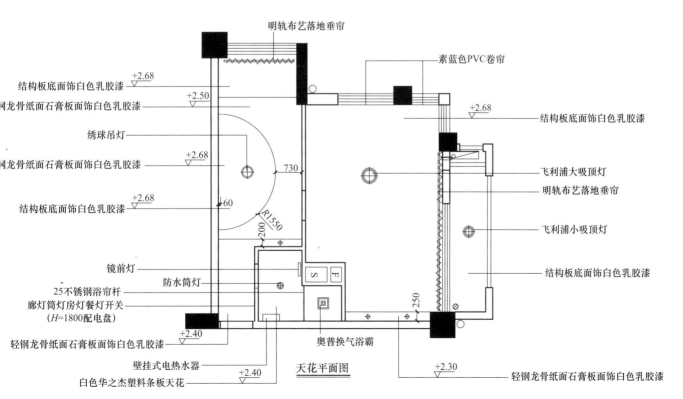

天花平面图

图中标注：

- 结构板底面饰白色乳胶漆 +2.68
- 钢龙骨纸面石膏板面饰白色乳胶漆 +2.50
- 绣球吊灯
- 钢龙骨纸面石膏板面饰白色乳胶漆 +2.68
- 结构板底面饰白色乳胶漆 +2.68
- 镜前灯
- 防水筒灯
- 25不锈钢浴帘杆
- 廊灯筒灯房灯餐灯开关
  (H=1800配电盘)
- 轻钢龙骨纸面石膏板面饰白色乳胶漆 +2.40
- 壁挂式电热水器
- 白色华之杰塑料条板天花 +2.40
- 明轨布艺落地垂帘
- 素蓝色PVC卷帘
- 结构板底面饰白色乳胶漆 +2.68
- 飞利浦大吸顶灯
- 明轨布艺落地垂帘
- 飞利浦小吸顶灯
- 结构板底面饰白色乳胶漆
- 奥普换气浴霸
- 轻钢龙骨纸面石膏板面饰白色乳胶漆 +2.30

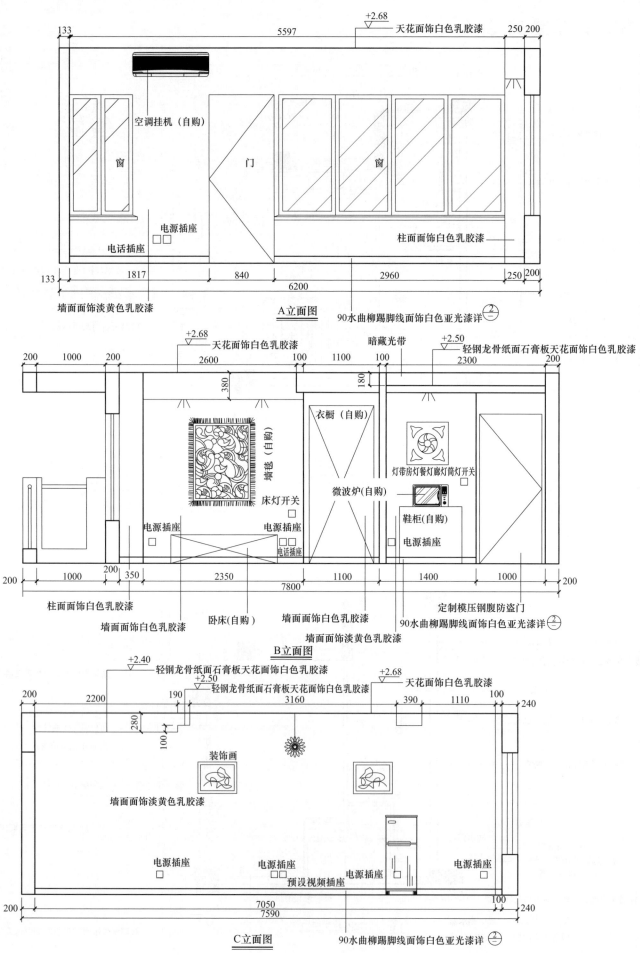

+2.68 ▽ 天花面饰白色乳胶漆

133   5597   250 200

空调挂机（自购）

窗   门   窗

电源插座

柱面面饰白色乳胶漆

电话插座

133   1817   840   2960   250 200

6200

墙面面饰淡黄色乳胶漆   A立面图   90水曲柳踢脚线面饰白色亚光漆详 ②

+2.68 ▽ 天花面饰白色乳胶漆   暗藏光带   +2.50 ▽ 轻钢龙骨纸面石膏板天花面饰白色乳胶漆

200   1000   200   2600   100   1100   100   2300   200

380   180

墙毯（自购）

衣橱（自购）

床灯开关

微波炉(自购)   灯带灯房灯餐灯廊灯筒灯开关

电源插座   鞋柜(自购)

电源插座   电话插座   电源插座   电源插座

200   1000   200 350   2350   1100   1400   1000   200

7800

柱面面饰白色乳胶漆   卧床(自购)   墙面面饰白色乳胶漆   定制模压钢腹防盗门

墙面面饰白色乳胶漆   墙面面饰淡黄色乳胶漆   90水曲柳踢脚线面饰白色亚光漆详 ②

B立面图

+2.40 ▽ 轻钢龙骨纸面石膏板天花面饰白色乳胶漆   +2.68 ▽ 天花面饰白色乳胶漆

+2.50 ▽ 轻钢龙骨纸面石膏板天花面饰白色乳胶漆

200   2200   190   3160   390   1110   100   240

280   100

装饰画

墙面面饰淡黄色乳胶漆

电源插座   电源插座   电源插座   电源插座

预设视频插座

200   7050   100   240

7590

C立面图

90水曲柳踢脚线面饰白色亚光漆详 ②

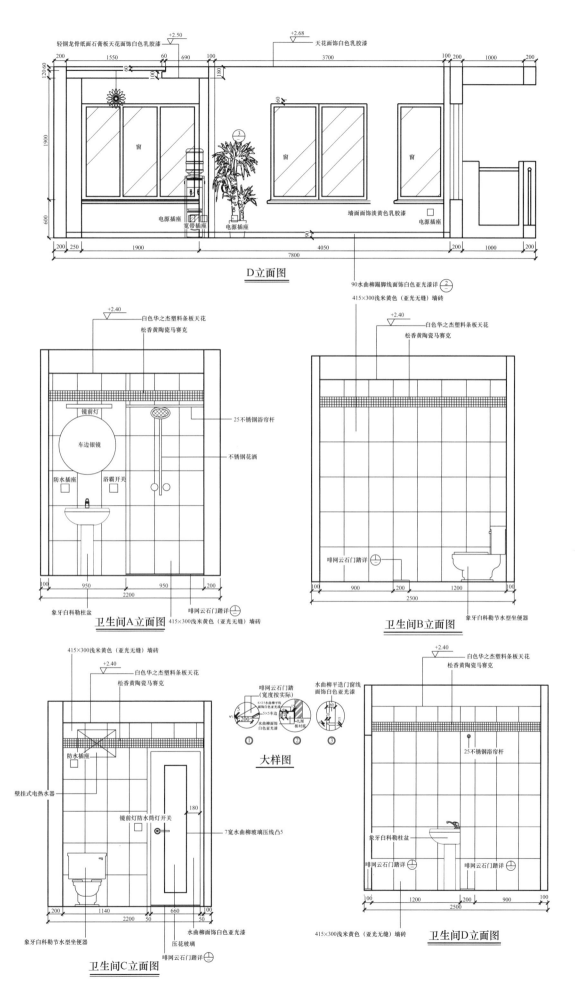

轻钢龙骨纸面石膏板天花面饰白色乳胶漆
天花面饰白色乳胶漆

电源插座
宽带插座
电源插座
墙面面饰淡黄色乳胶漆
电源插座

D立面图

90水曲柳踢脚线面饰白色亚光漆详
415×300浅米黄色（亚光无缝）墙砖

白色华之杰塑料条板天花
松香黄陶瓷马赛克

镜前灯
25不锈钢浴帘杆
车边银镜
不锈钢花洒
防水插座
浴霸开关

白色华之杰塑料条板天花
松香黄陶瓷马赛克

啡网云石门踏详

象牙白科勒柱盆
啡网云石门踏详
415×300浅米黄色（亚光无缝）墙砖
卫生间A立面图

象牙白科勒节水型坐便器
卫生间B立面图

415×300浅米黄色（亚光无缝）墙砖
白色华之杰塑料条板天花
松香黄陶瓷马赛克

啡网云石门踏
（宽度按实际）
水曲柳平迭门窗线
面饰白色亚光漆

大样图

防水插座

白色华之杰塑料条板天花
松香黄陶瓷马赛克

壁挂式电热水器

25不锈钢浴帘杆

镜前灯防水筒灯开关
7宽水曲柳玻璃压线凸5

象牙白科勒柱盆
啡网云石门踏详
啡网云石门踏详

象牙白科勒节水型坐便器
水曲柳面饰白色亚光漆
压花玻璃
啡网云石门踏详
卫生间C立面图

415×300浅米黄色（亚光无缝）墙砖
卫生间D立面图

11

方案 4: 两室 66m²

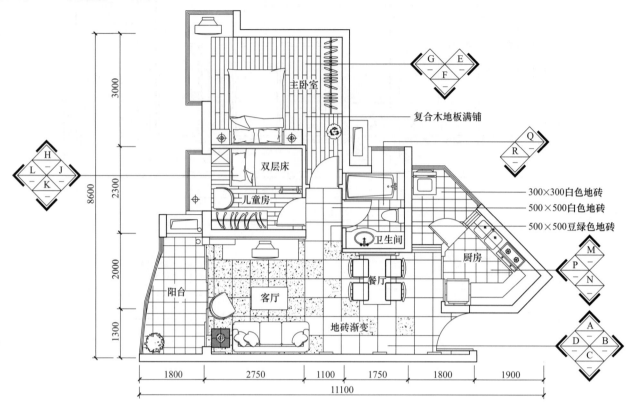

平面布置图

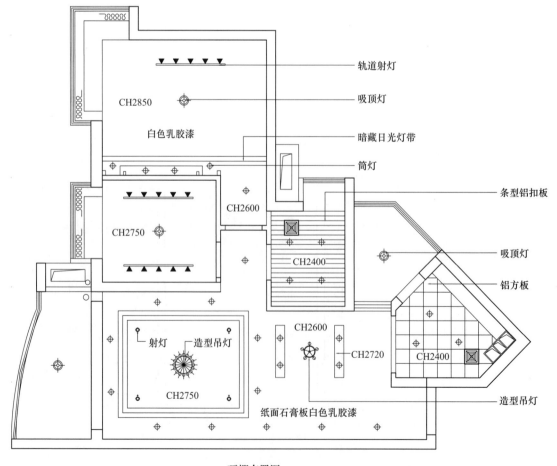

顶棚布置图

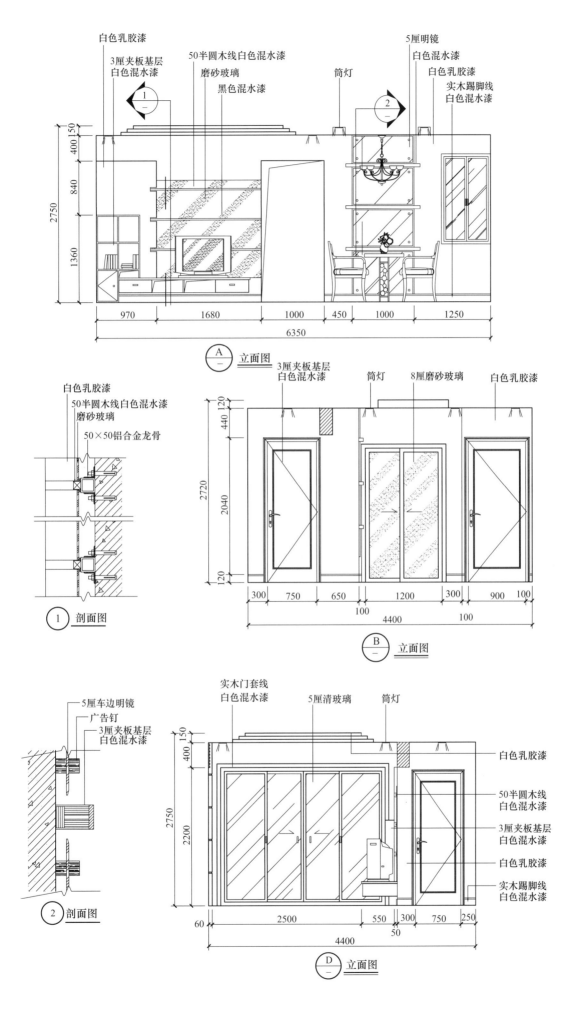

白色乳胶漆
3厘夹板基层
白色混水漆
50半圆木线白色混水漆
磨砂玻璃
黑色混水漆
筒灯
5厘明镜
白色混水漆
白色乳胶漆
实木踢脚线
白色混水漆

400 150
840
2750
1360

970 1680 1000 450 1000 1250
6350

A 立面图

白色乳胶漆
50半圆木线白色混水漆
磨砂玻璃
50×50铝合金龙骨

1 剖面图

3厘夹板基层
白色混水漆
筒灯
8厘磨砂玻璃
白色乳胶漆

120 440
2720
2040
120

300 750 650 1200 300 900 100
100 100
4400

B 立面图

5厘车边明镜
广告钉
3厘夹板基层
白色混水漆

2 剖面图

实木门套线
白色混水漆
5厘清玻璃
筒灯

150 400
2750
2200

白色乳胶漆

50半圆木线
白色混水漆

3厘夹板基层
白色混水漆

白色乳胶漆

实木踢脚线
白色混水漆

60 2500 550 300 750 250
50
4400

D 立面图

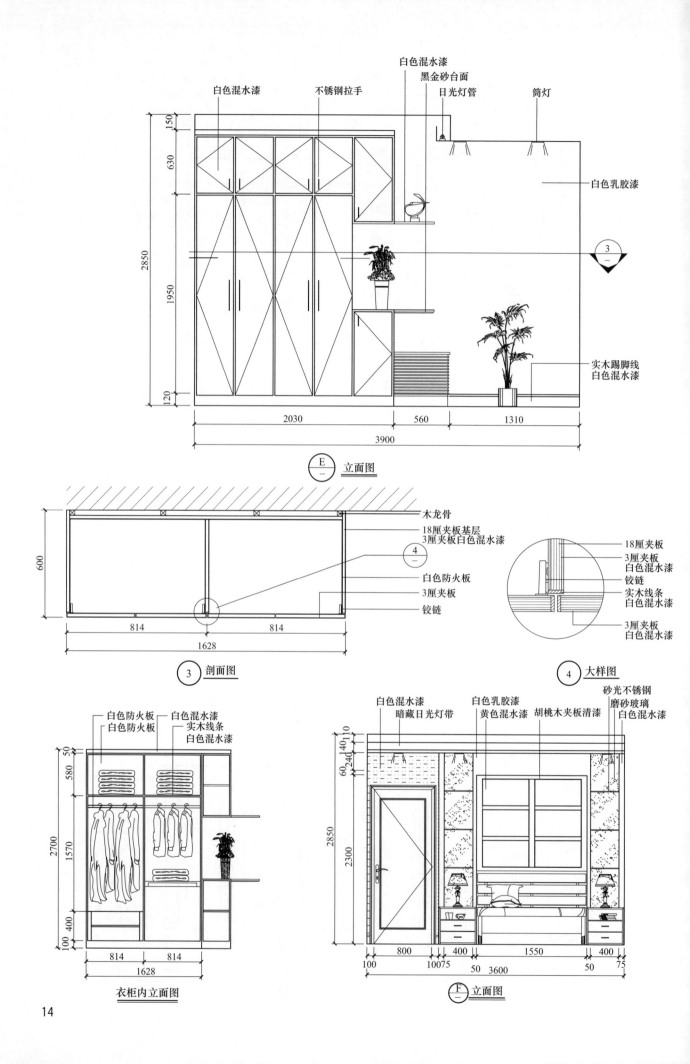

白色混水漆　　　不锈钢拉手

白色混水漆
黑金砂台面
日光灯管　　　筒灯

白色乳胶漆

实木踢脚线
白色混水漆

150
630
2850
1950
120

2030　　560　　1310
3900

E 立面图

木龙骨
18厘夹板基层
3厘夹板白色混水漆

白色防火板
3厘夹板
铰链

600

814　　814
1628

3 剖面图

18厘夹板
3厘夹板
白色混水漆
铰链
实木线条
白色混水漆
3厘夹板
白色混水漆

4 大样图

白色防火板　　白色混水漆
白色防火板　　实木线条
　　　　　　　白色混水漆

50
580
2700
1570
100 400

814　　814
1628

衣柜内立面图

白色混水漆　　白色乳胶漆　　砂光不锈钢
暗藏日光灯带　黄色混水漆　磨砂玻璃
　　　　　　胡桃木夹板清漆　白色混水漆

60 240 140 110
2850
2300

100　800　100 75　400　1550　400　50 75
　　　　50　3600

F 立面图

14

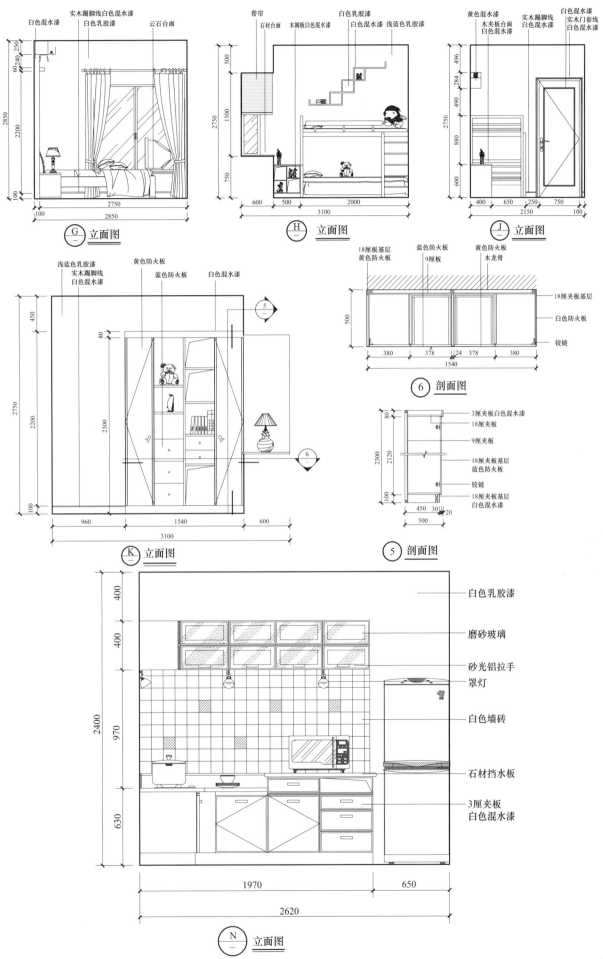

白色混水漆　实木踢脚线白色混水漆　云石台面
白色乳胶漆

60 240 250
2850
2200
100
100
2750
2850

G 立面图

卷帘　石材台面　木搁板白色混水漆　白色乳胶漆　浅蓝色乳胶漆
白色混水漆

500
2750
1500
750
600　500　2000
3100

H 立面图

黄色混水漆　实木踢脚线　白色混水漆
木夹板台面　白色混水漆　实木门套线
白色混水漆　白色混水漆

496
2750
284
490
880
600
400　650　250　750
2150　100

J 立面图

浅蓝色乳胶漆　黄色防火板　白色混水漆
实木踢脚线　蓝色防火板
白色混水漆

450
80
2750
2200
2300
100
960　1540　600
3100

K 立面图

5

6

18厘板基层　蓝色防火板　黄色防火板
黄色防火板　9厘板　木龙骨

500
380　378　24　378　380
1540

18厘夹板基层
白色防火板
铰链

6 剖面图

3厘夹板白色混水漆
18厘夹板
9厘夹板
18厘夹板基层
蓝色防火板
铰链
18厘夹板基层
白色混水漆

80
2300
2120
100
450　30　20
500

5 剖面图

白色乳胶漆

磨砂玻璃

砂光铝拉手
罩灯

白色墙砖

石材挡水板

3厘夹板
白色混水漆

400
400
2400
970
630
1970　650
2620

N 立面图

15

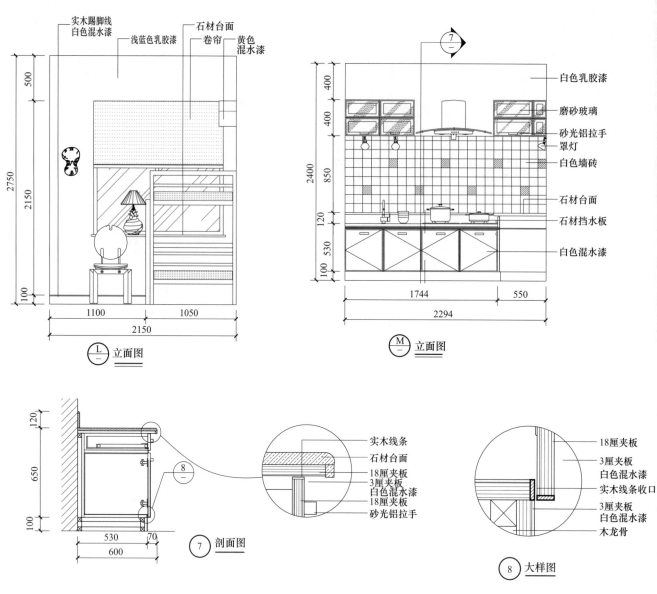

实木踢脚线
白色混水漆
浅蓝色乳胶漆
石材台面
卷帘
黄色
混水漆

2750
2150
500
100

1100
1050
2150

L 立面图

白色乳胶漆
磨砂玻璃
砂光铝拉手
罩灯
白色墙砖
石材台面
石材挡水板
白色混水漆

2400
400
400
850
120
530
100

1744
550
2294

M 立面图

120
650
100

530
70
600

7 剖面图

实木线条
石材台面
18厘夹板
3厘夹板
白色混水漆
18厘夹板
砂光铝拉手

8

18厘夹板
3厘夹板
白色混水漆
实木线条收口
3厘夹板
白色混水漆
木龙骨

8 大样图

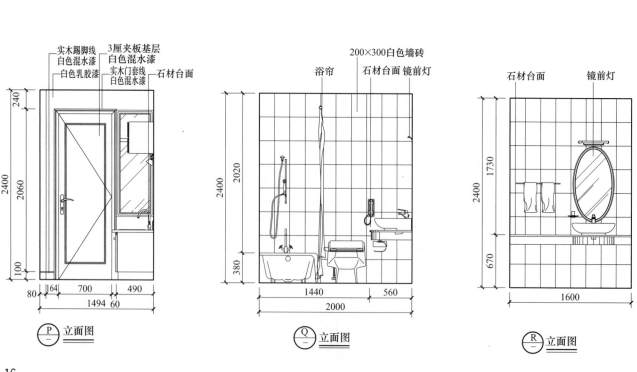

实木踢脚线
白色混水漆
白色乳胶漆
3厘夹板基层
白色混水漆
实木门套线
白色混水漆
石材台面

240
2400
2060
100

80
164
700
490
1494
60

P 立面图

浴帘
200×300白色墙砖
石材台面 镜前灯

2400
2020
380

1440
560
2000

Q 立面图

石材台面
镜前灯

2400
1730
670

1600

R 立面图

方案5：两室 68m²

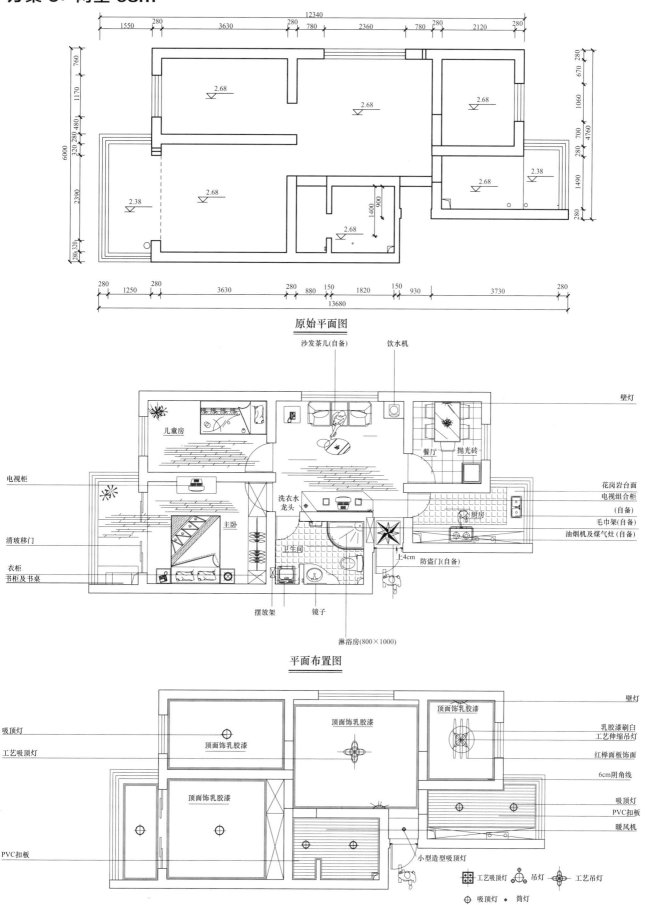

原始平面图

平面布置图

顶面布置图

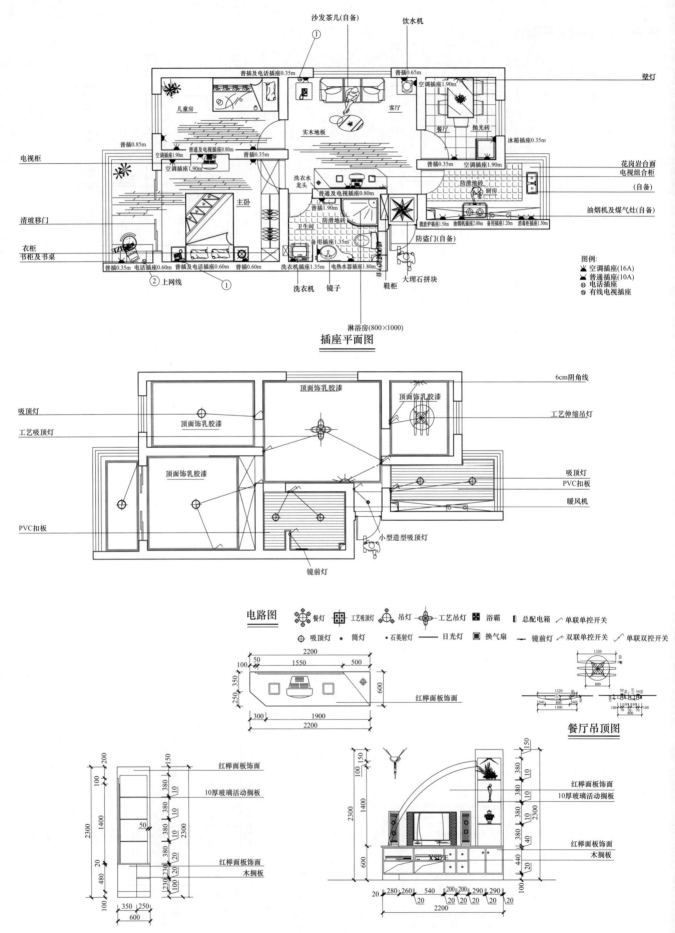

沙发茶几(自备)
饮水机
普插及电话插座0.35m
普插0.65m
空调插座1.90m
壁灯

儿童房
客厅
实木地板
餐厅
抛光砖

电视柜
普插0.85m
普插0.35m
空调插座1.90m
普插0.35m
空调插座1.90m
普通及电视插座0.80m
空调插座1.90m
冰箱插座0.35m
花岗岩台面
电视组合柜
(自备)

主卧
洗衣水龙头
普通及电视插座0.80m
防滑地砖
厨房
油烟机及煤气灶(自备)

清玻移门
普插1.90m
卫生间
防滑地砖
微波炉插座1.50m
油烟机插座2.00m 备用插座1.20m 消毒柜插座1.50m

衣柜
备用插座1.35m
防盗门(自备)

书柜及书桌
普插0.35m 电话插座0.60m 普插及电话插座0.60m 普插0.60m 洗衣机插座1.35m 电热水器插座1.80m
②上网线 ①
洗衣机 镜子
大理石拼块
鞋柜

图例:
空调插座(16A)
普通插座(10A)
电话插座
有线电视插座

淋浴房(800×1000)

插座平面图

6cm阴角线

吸顶灯
顶面饰乳胶漆
顶面饰乳胶漆
顶面饰乳胶漆
工艺伸缩吊灯

工艺吸顶灯
顶面饰乳胶漆
吸顶灯
PVC扣板

顶面饰乳胶漆
暖风机

PVC扣板
小型造型吸顶灯

镜前灯

电路图

餐灯 工艺吸顶灯 吊灯 工艺吊灯 浴霸 总配电箱 单联单控开关
吸顶灯 筒灯 石英射灯 日光灯 换气扇 镜前灯 双联单控开关
单联双控开关

2200
50 1550 500
100
250 350
600
红榉面板饰面
300 1900
2200

1320
800
50

餐厅吊顶图

红榉面板饰面
10厚玻璃活动搁板
200
150
100
50
2300 1400
20 480
100
红榉面板饰面
木搁板
350 250
600

100 150
1400
2300
100 150
380
380
380
380
红榉面板饰面
10厚玻璃活动搁板
2300
600
红榉面板饰面
木搁板
440
20 280 260 540 200 290 290
20 20 20 20 20
2200

电视组合柜平立面图

18

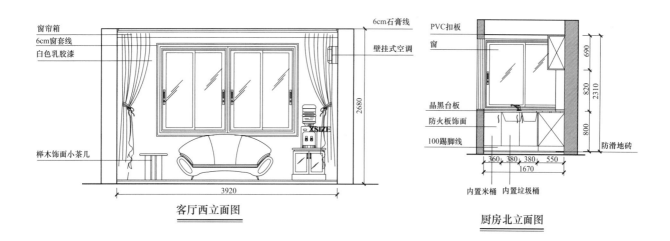

窗帘箱
6cm窗套线
白色乳胶漆

榉木饰面小茶几

6cm石膏线
壁挂式空调

2680

3920

客厅西立面图

PVC扣板
窗

晶黑台板
防火板饰面
100踢脚线

690
820
800
2310

防滑地砖

360 380 380 550
1670

内置米桶 内置垃圾桶

厨房北立面图

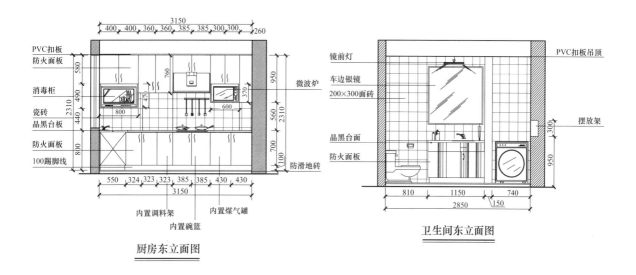

3150
400 400 360 360 385 385 300 300 260

PVC扣板
防火面板

消毒柜

瓷砖
晶黑台板

防火面板
100踢脚线

580
490
440
800
2310

760
470
800
600

950
370
560
700
100
2310

微波炉

防滑地砖

550 324 323 323 385 385 430 430
3150

内置调料架   内置煤气罐
内置碗篮

厨房东立面图

镜前灯
车边银镜
200×300面砖

晶黑台面
防火面板

PVC扣板吊顶

摆放架

300
950

810   1150   740
2850   150

卫生间东立面图

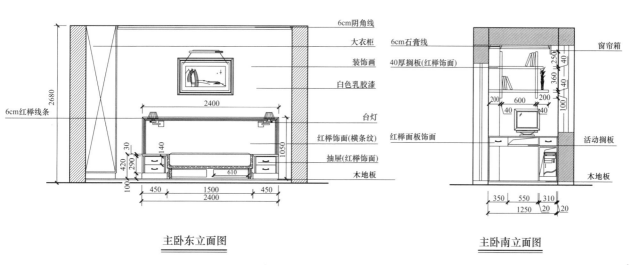

6cm阴角线
大衣柜
装饰画
白色乳胶漆

台灯
红榉饰面(横条纹)
抽屉(红榉饰面)
木地板

2680
6cm红榉线条

2400
30
140
1050
420 290
100   610
450   1500   450
2400

主卧东立面图

6cm石膏线
40厚搁板(红榉饰面)

红榉面板饰面

窗帘箱

活动搁板

木地板

250
360 40
40
100
200 600 200
40 40
350 550 310
1250 20 20

主卧南立面图

19

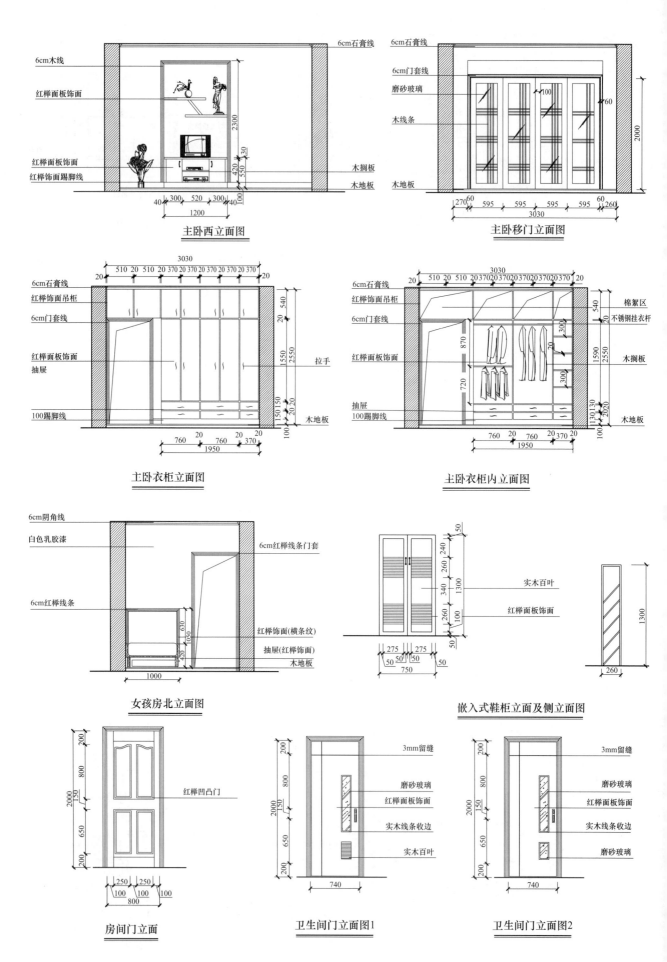

6cm木线
红榉面板饰面
红榉面板饰面
红榉饰面踢脚线

6cm石膏线
6cm石膏线
6cm门套线
磨砂玻璃
木线条
木地板

木搁板
木地板

主卧西立面图

主卧移门立面图

6cm石膏线
红榉饰面吊柜
6cm门套线
红榉面板饰面
抽屉
100踢脚线

拉手
木地板

主卧衣柜立面图

6cm石膏线
红榉饰面吊柜
6cm门套线
红榉面板饰面
抽屉
100踢脚线

棉絮区
不锈钢挂衣杆
木搁板
木地板

主卧衣柜内立面图

6cm阴角线
白色乳胶漆

6cm红榉线条

6cm红榉线条门套
红榉饰面(横条纹)
抽屉(红榉饰面)
木地板

女孩房北立面图

实木百叶
红榉面板饰面

红榉面板饰面

嵌入式鞋柜立面及侧立面图

红榉凹凸门

房间门立面

3mm留缝
磨砂玻璃
红榉面板饰面
实木线条收边
实木百叶

卫生间门立面图1

3mm留缝
磨砂玻璃
红榉面板饰面
实木线条收边
磨砂玻璃

卫生间门立面图2

方案 6：两室 78.5m²

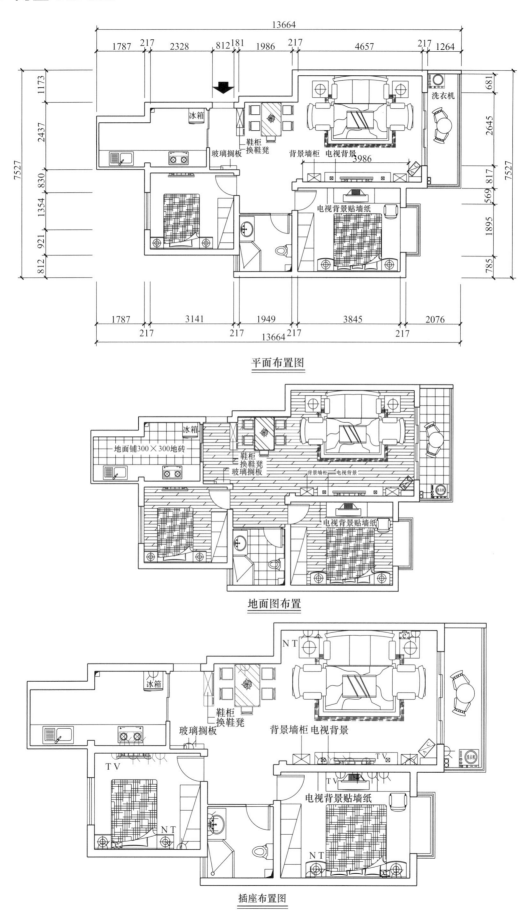

平面布置图

地面图布置

插座布置图

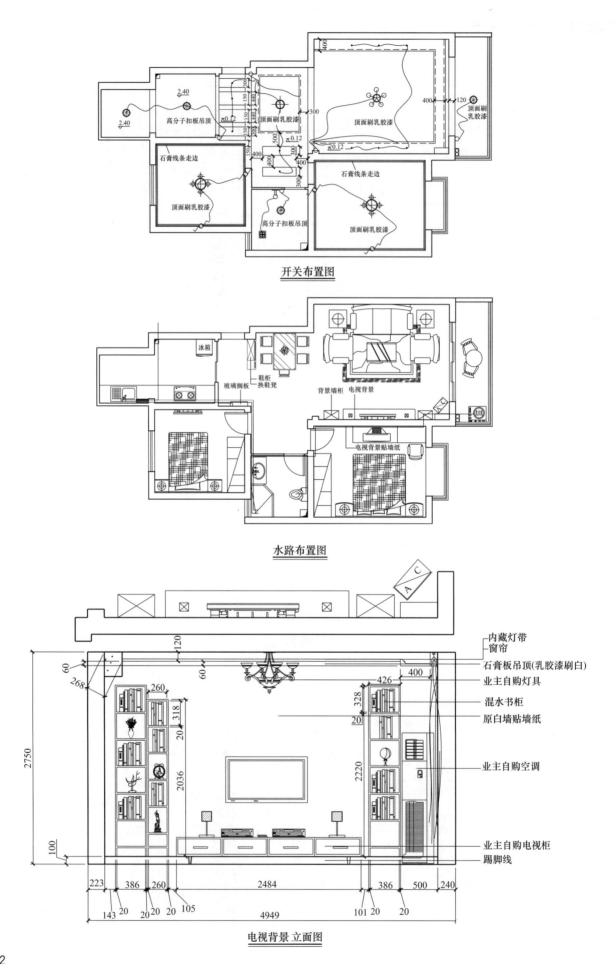

开关布置图

水路布置图

电视背景 立面图

内藏灯带
窗帘
石膏板吊顶(乳胶漆刷白)
业主自购灯具
混水书柜
原白墙贴墙纸
业主自购空调
业主自购电视柜
踢脚线

2.40
2.40
高分子扣板吊顶
顶面刷乳胶漆
石膏线条走边
顶面刷乳胶漆
顶面刷乳胶漆
石膏线条走边
顶面刷乳胶漆
高分子扣板吊顶
顶面刷乳胶漆
顶面刷乳胶漆
乳胶漆

冰箱
鞋柜
换鞋凳
玻璃搁板
背景墙柜
电视背景
电视背景贴墙纸

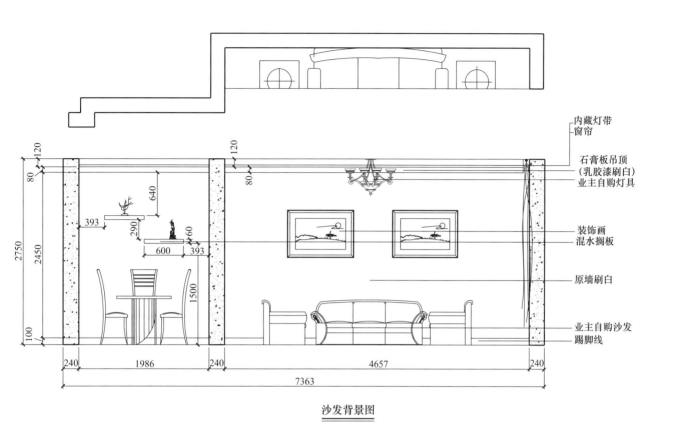

内藏灯带
窗帘
石膏板吊顶
(乳胶漆刷白)
业主自购灯具

装饰画
混水搁板

原墙刷白

业主自购沙发
踢脚线

沙发背景图

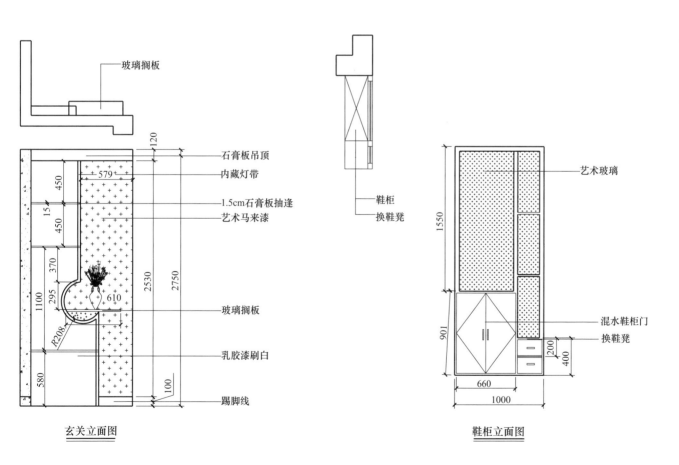

玻璃搁板

石膏板吊顶
内藏灯带
1.5cm石膏板抽逢
艺术马来漆

玻璃搁板

乳胶漆刷白

踢脚线

玄关立面图

鞋柜
换鞋凳

艺术玻璃

混水鞋柜门
换鞋凳

鞋柜立面图

方案 7: 两室 79m²

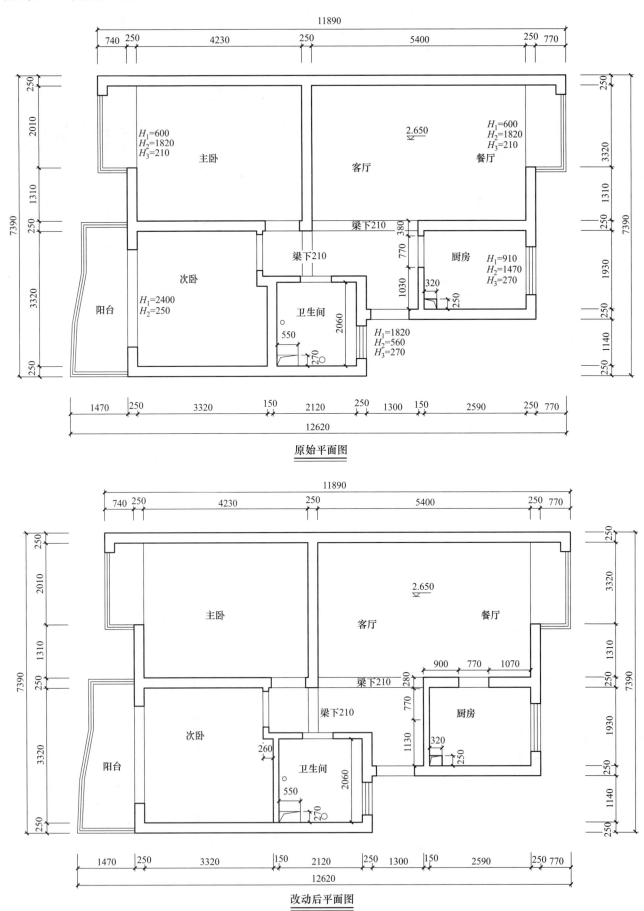

原始平面图

改动后平面图

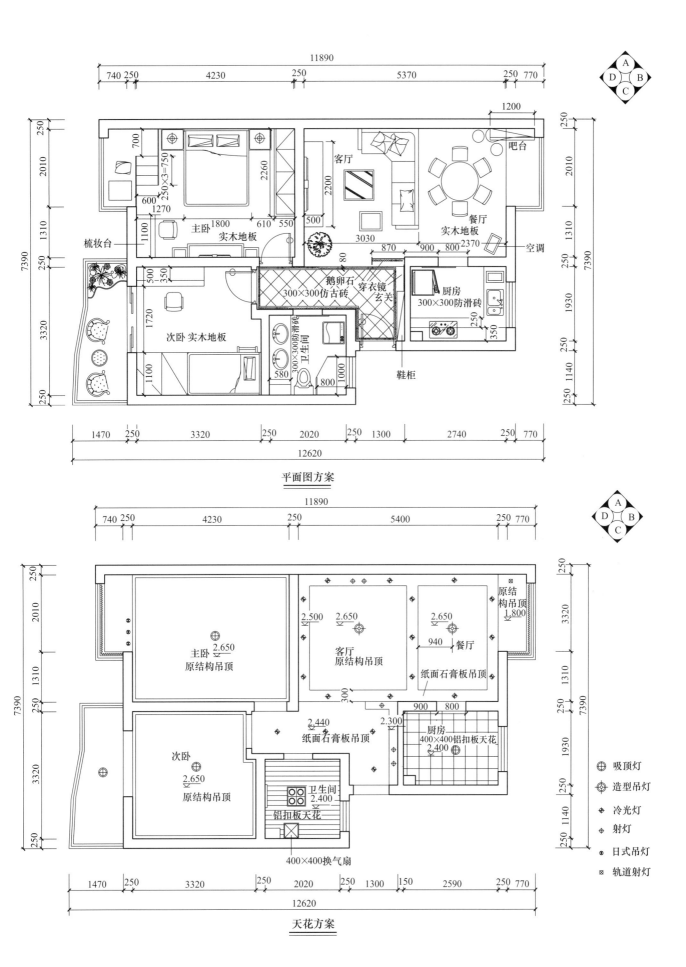

平面图方案

天花方案

符号	名称
⊕	吸顶灯
⊕	造型吊灯
⬦	冷光灯
⊕	射灯
⬦	日式吊灯
⊠	轨道射灯

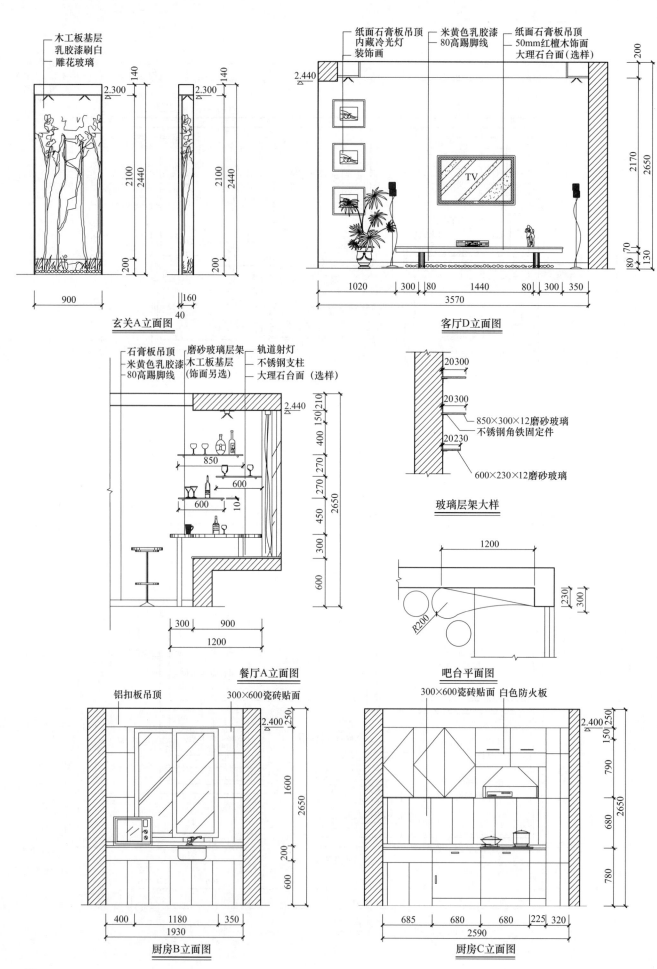

木工板基层
乳胶漆刷白
雕花玻璃

玄关A立面图

纸面石膏板吊顶
内藏冷光灯
装饰画

米黄色乳胶漆
80高踢脚线

纸面石膏板吊顶
50mm红檀木饰面
大理石台面（选样）

TV

客厅D立面图

石膏板吊顶
米黄色乳胶漆
80高踢脚线

磨砂玻璃层架
木工板基层
（饰面另选）

轨道射灯
不锈钢支柱
大理石台面（选样）

850×300×12磨砂玻璃
不锈钢角铁固定件

600×230×12磨砂玻璃

玻璃层架大样

餐厅A立面图

吧台平面图

铝扣板吊顶

300×600瓷砖贴面

厨房B立面图

300×600瓷砖贴面   白色防火板

厨房C立面图

26

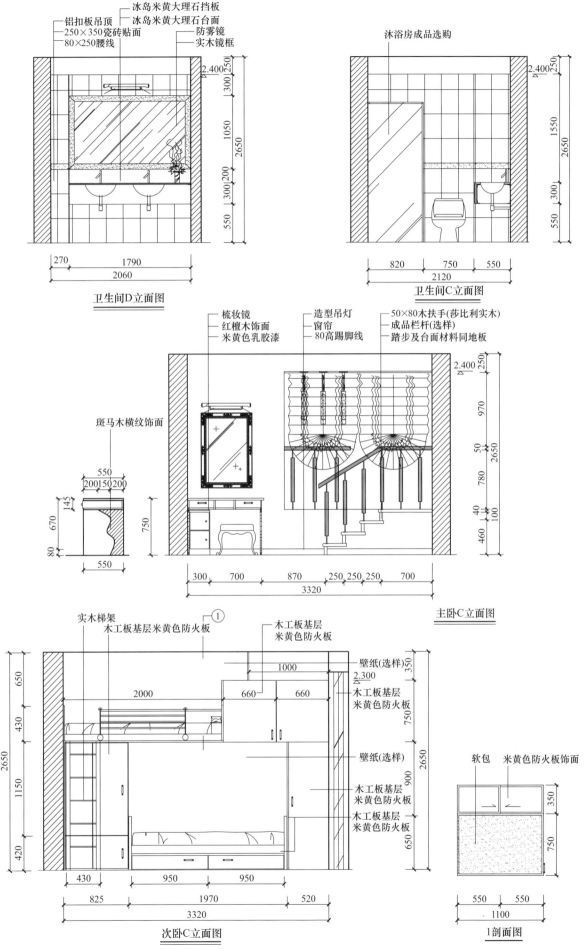

铝扣板吊顶
250×350瓷砖贴面
80×250腰线

冰岛米黄大理石挡板
冰岛米黄大理石台面
防雾镜
实木镜框

2.400
250
300
1050
2650
300 200
550

270 1790
2060

卫生间D立面图

沐浴房成品选购

2.400
250
1550
2650
300
550

820 750 550
2120

卫生间C立面图

梳妆镜
红檀木饰面
米黄色乳胶漆

造型吊灯
窗帘
80高踢脚线

50×80木扶手(莎比利实木)
成品栏杆(选样)
踏步及台面材料同地板

斑马木横纹饰面

550
200 150 200
145
670
750
80
550

2.400
250
970
50
2650
780
40
100
460

300 700 870 250 250 250 700
3320

主卧C立面图

实木梯架
木工板基层米黄色防火板
①

木工板基层
米黄色防火板

650
430
2650
1150
420

2000

1000
660 660

壁纸(选样)
2.300
350
木工板基层
米黄色防火板
750

壁纸(选样)
900
木工板基层
米黄色防火板

木工板基层
米黄色防火板
650

430 950 950
825 1970 520
3320

次卧C立面图

软包 米黄色防火板饰面

350
750

550 550
1100

1剖面图

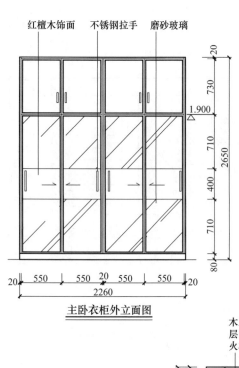

红檀木饰面　不锈钢拉手　磨砂玻璃

主卧衣柜外立面图

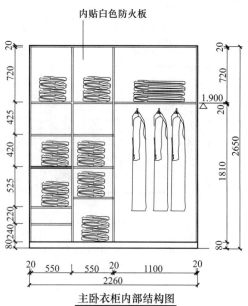

内贴白色防火板

主卧衣柜内部结构图

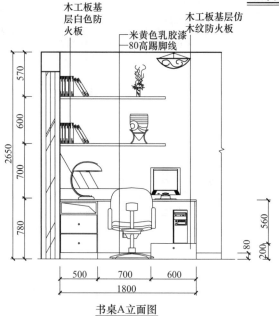

木工板基层白色防火板　　木工板基层仿木纹防火板

米黄色乳胶漆
80高踢脚线

书桌A立面图

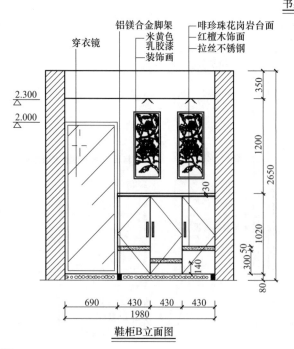

穿衣镜　　铝镁合金脚架　　啡珍珠花岗岩台面
米黄色乳胶漆　　红檀木饰面
装饰画　　拉丝不锈钢

鞋柜B立面图

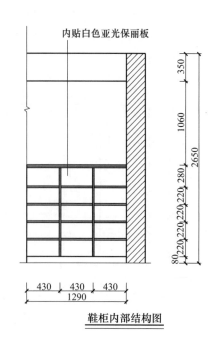

内贴白色亚光保丽板

鞋柜内部结构图

方案 8：两室 83m²

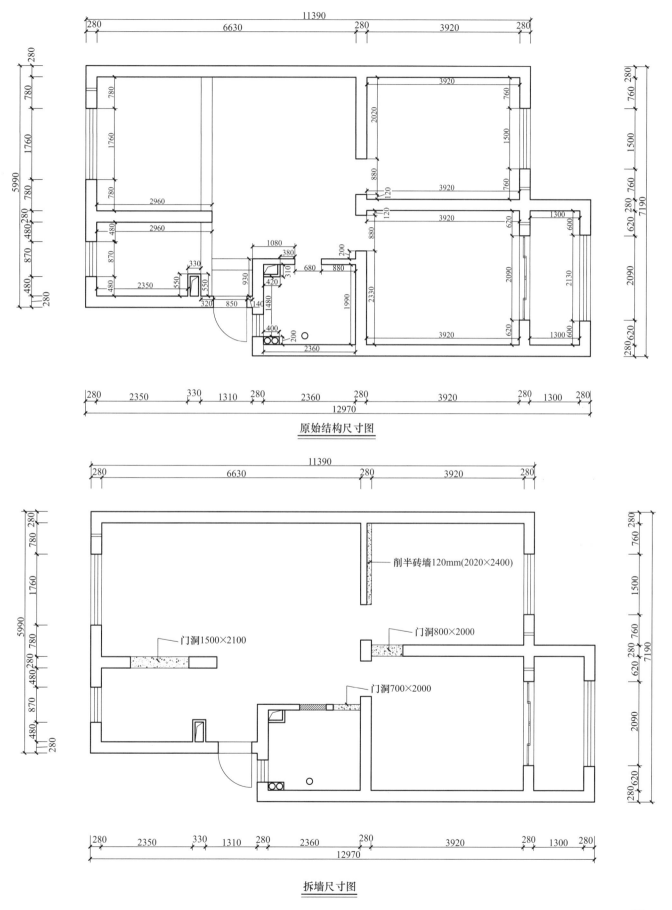

原始结构尺寸图

削半砖墙120mm(2020×2400)

门洞1500×2100

门洞800×2000

门洞700×2000

拆墙尺寸图

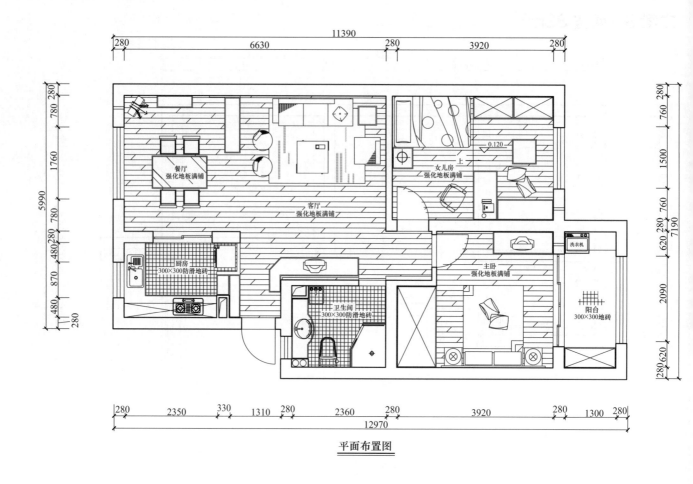

平面布置图

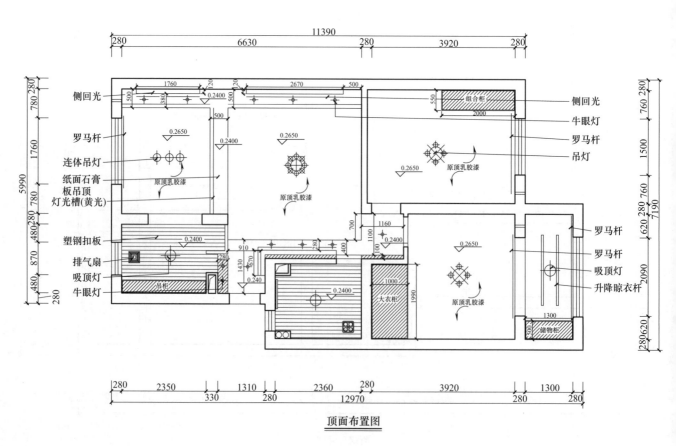

顶面布置图

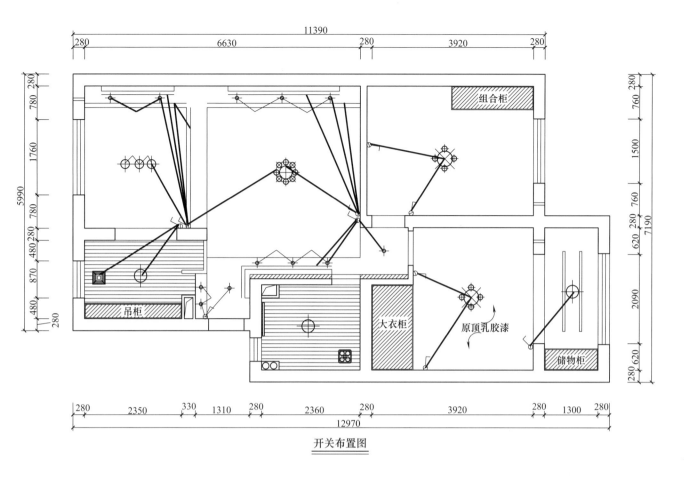

开关布置图

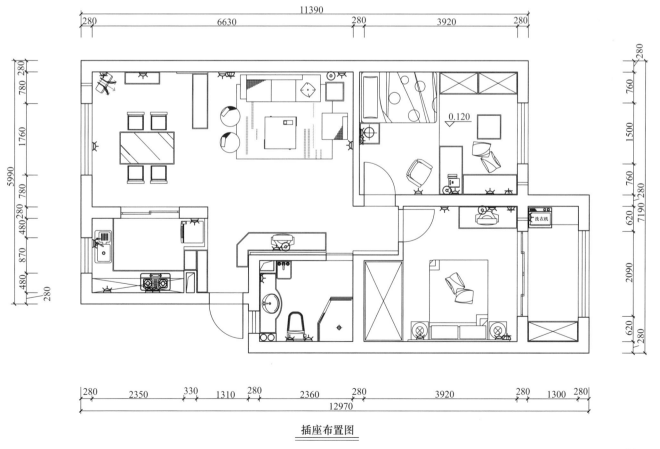

插座布置图

组合柜

吊柜

大衣柜

原顶乳胶漆

储物柜

洗衣机

0.120

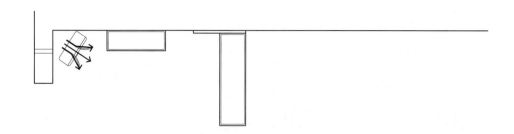

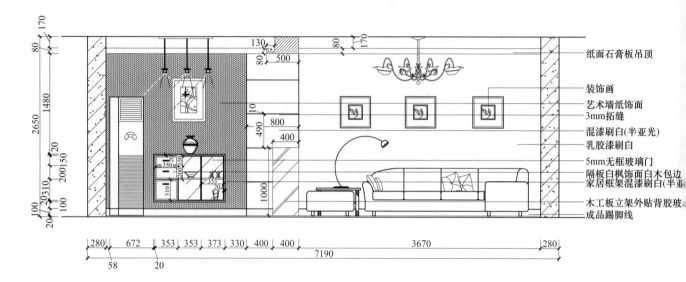

纸面石膏板吊顶

装饰画
艺术墙纸饰面
3mm拓缝

混漆刷白(半亚光)
乳胶漆刷白

5mm无框玻璃门
隔板白枫饰面白木包边
家居框架混漆刷白(半亚光)

木工板立架外贴背胶玻璃
成品踢脚线

客厅立面图1

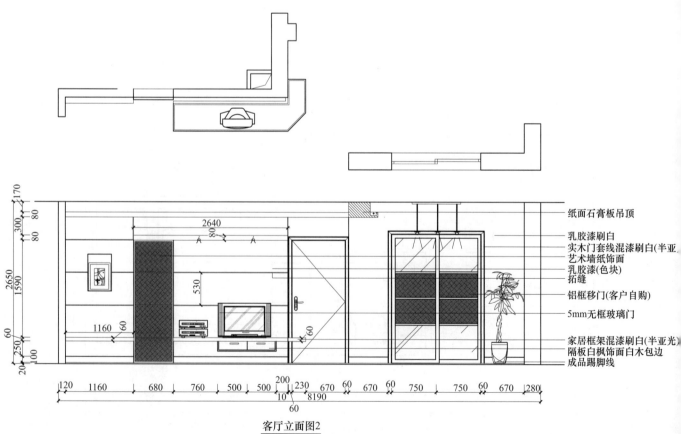

纸面石膏板吊顶

乳胶漆刷白
实木门套线混漆刷白(半亚光)
艺术墙纸饰面
乳胶漆(色块)
拓缝

铝框移门(客户自购)

5mm无框玻璃门

家居框架混漆刷白(半亚光)
隔板白枫饰面白木包边
成品踢脚线

客厅立面图2

32

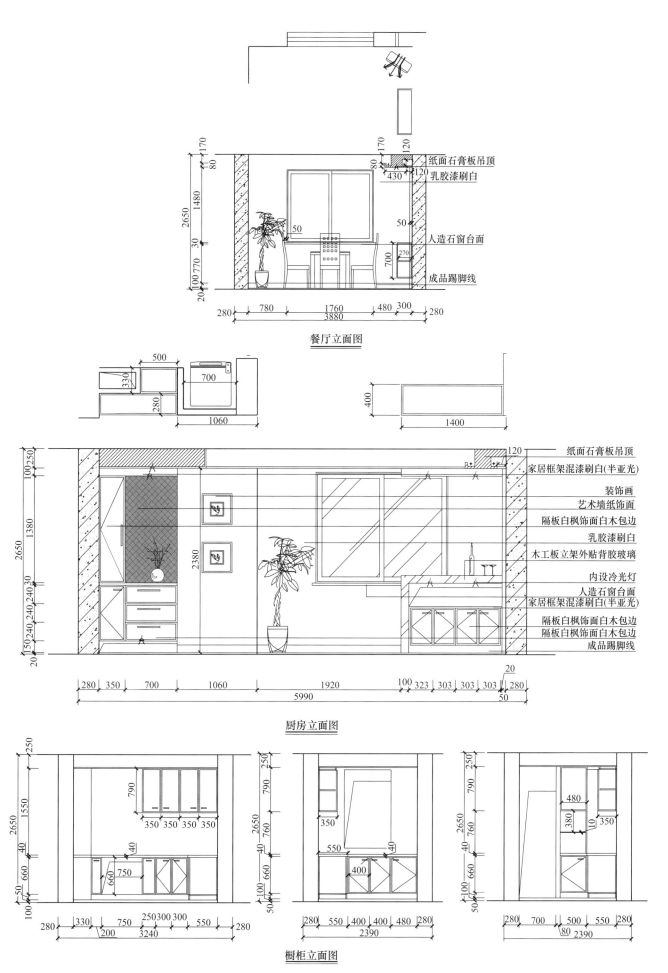

餐厅立面图

纸面石膏板吊顶
乳胶漆刷白

人造石窗台面

成品踢脚线

纸面石膏板吊顶
家居框架混漆刷白(半亚光)
装饰画
艺术墙纸饰面
隔板白枫饰面白木包边
乳胶漆刷白
木工板立架外贴背胶玻璃
内设冷光灯
人造石窗台面
家居框架混漆刷白(半亚光)
隔板白枫饰面白木包边
隔板白枫饰面白木包边
成品踢脚线

厨房立面图

橱柜立面图

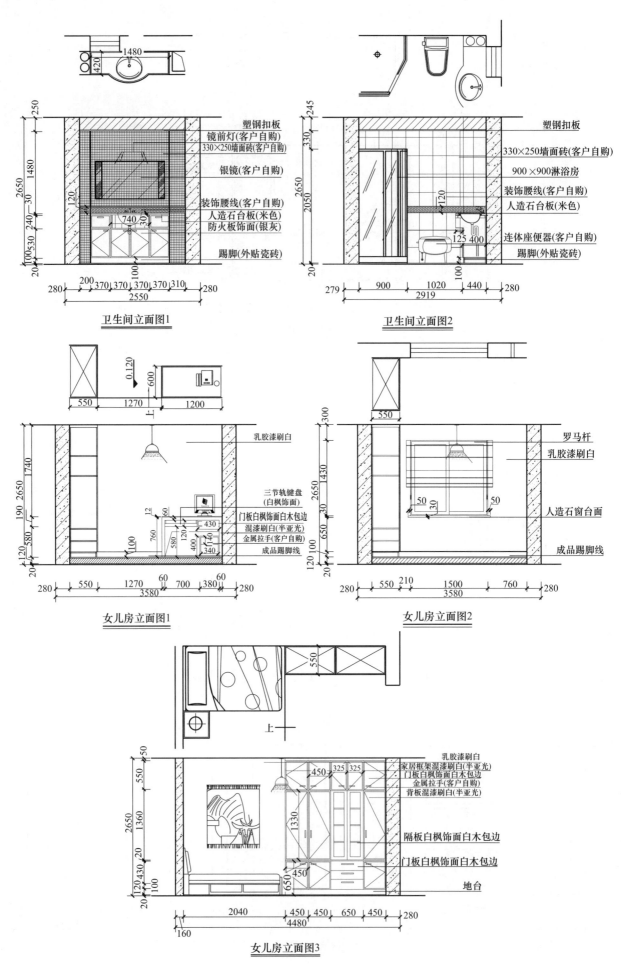

塑钢扣板
镜前灯(客户自购)
330×250墙面砖(客户自购)

银镜(客户自购)

装饰腰线(客户自购)
人造石台板(米色)
防火板饰面(银灰)

踢脚(外贴瓷砖)

卫生间立面图1

塑钢扣板

330×250墙面砖(客户自购)
900×900淋浴房
装饰腰线(客户自购)
人造石台板(米色)

连体座便器(客户自购)
踢脚(外贴瓷砖)

卫生间立面图2

乳胶漆刷白

三节轨键盘
(白枫饰面)
门板白枫饰面白木包边
混漆刷白(半亚光)
金属拉手(客户自购)
成品踢脚线

女儿房立面图1

罗马杆
乳胶漆刷白

人造石窗台面

成品踢脚线

女儿房立面图2

乳胶漆刷白
家居框架混漆刷白(半亚光)
门板白枫饰面白木包边
金属拉手(客户自购)
背板混漆刷白(半亚光)

隔板白枫饰面白木包边

门板白枫饰面白木包边

地台

女儿房立面图3

34

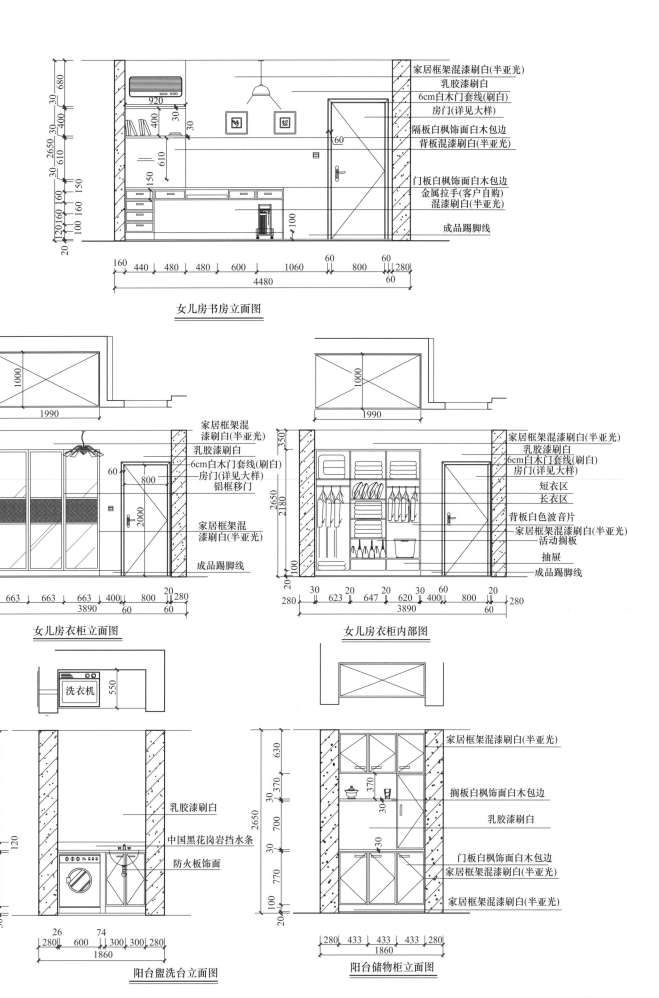

女儿房书房立面图

女儿房衣柜立面图

女儿房衣柜内部图

阳台盥洗台立面图

阳台储物柜立面图

方案9：三室 87m²

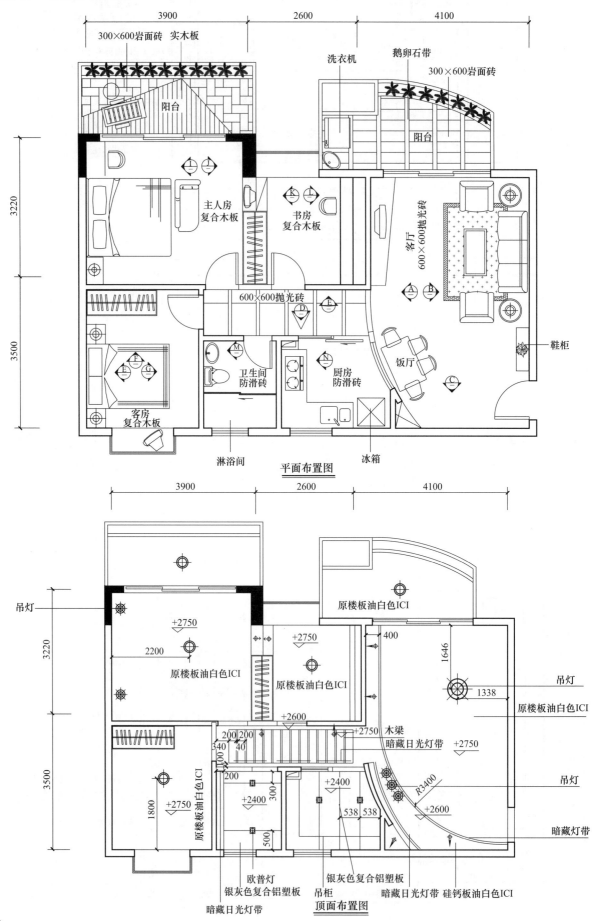

300×600岩面砖　实木板

洗衣机

鹅卵石带

300×600岩面砖

阳台

阳台

主人房
复合木板

书房
复合木板

客厅
600×600抛光砖

鞋柜

600×600抛光砖

3220

3500

客房
复合木板

卫生间
防滑砖

厨房
防滑砖

饭厅

淋浴间

冰箱

平面布置图

3900　2600　4100

吊灯

原楼板油白色ICI

+2750

2200

原楼板油白色ICI

+2750

原楼板油白色ICI

+2600

400

1646

+2750
木梁
暗藏日光灯带

吊灯

原楼板油白色ICI

3220

200 200
340
40

+2750　+2750

3500

200

1800

+2750
原楼板油白色ICI

+2400

300

538 538

R3400

吊灯

+2600

暗藏灯带

+2400

500

欧普灯
银灰色复合铝塑板

暗藏日光灯带

银灰色复合铝塑板

吊柜

暗藏日光灯带　硅钙板油白色ICI

顶面布置图

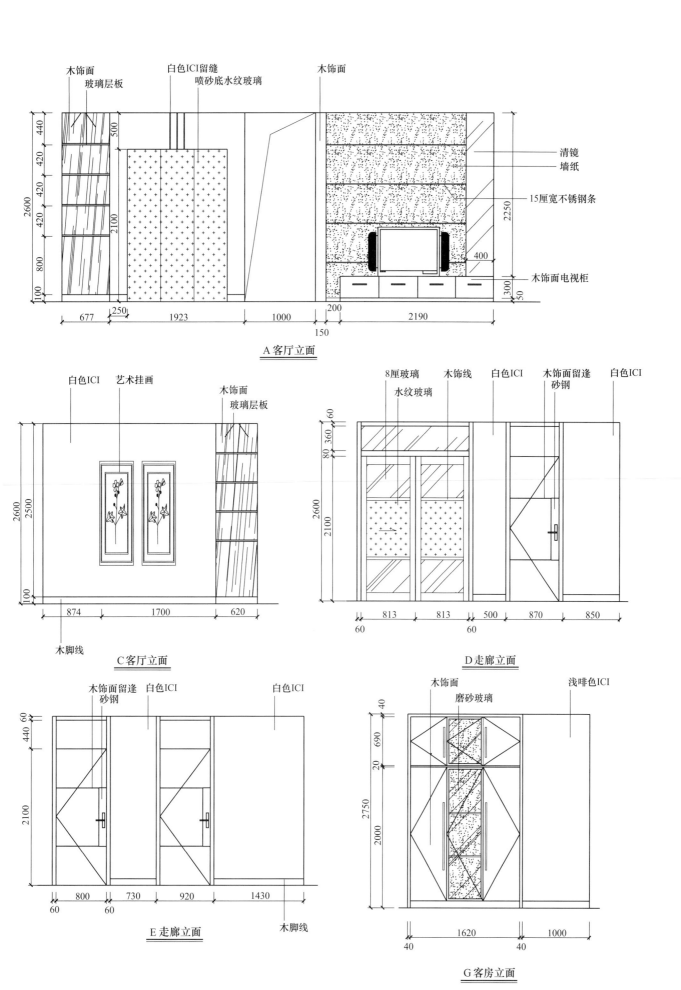

木饰面
玻璃层板
白色ICI留缝
喷砂底水纹玻璃
木饰面

清镜
墙纸
15厘宽不锈钢条
木饰面电视柜

A 客厅立面

白色ICI 艺术挂画
木饰面
玻璃层板

木脚线

C 客厅立面

8厘玻璃
水纹玻璃
木饰线
白色ICI
木饰面留逢
砂钢
白色ICI

D 走廊立面

木饰面留逢
砂钢
白色ICI
白色ICI

E 走廊立面
木脚线

木饰面
磨砂玻璃
浅啡色ICI

G 客房立面

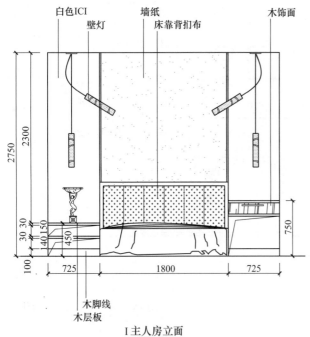

白色ICI　壁灯　墙纸　床靠背扣布　木饰面

2750　2300　100　725　1800　725　30 30　40 150　450　750

木脚线
木层板

I 主人房立面

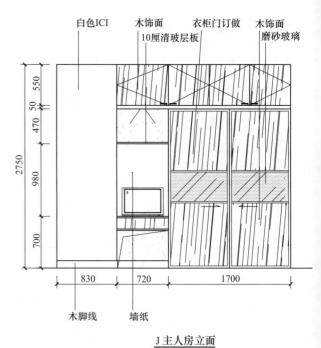

白色ICI　木饰面　衣柜门订做　木饰面　磨砂玻璃
10厘清玻层板

550　50　470　2750　980　700　830　720　1700

木脚线　墙纸

J 主人房立面

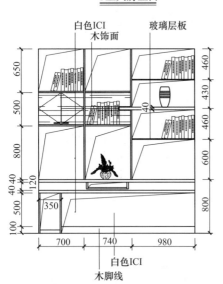

白色ICI　玻璃层板
木饰面

650　500　800　40 40　120　500　100　460　430　460　600　800　40　350　700　740　980

白色ICI
木脚线

K 书房立面

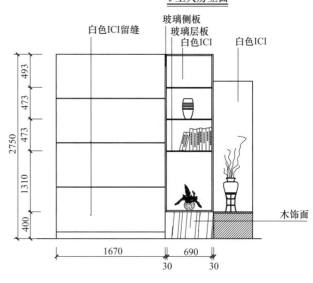

白色ICI留缝　玻璃侧板
玻璃层板
白色ICI　白色ICI

493　473　473　2750　1310　400　1670　690　30　30

木饰面

L 书房立面

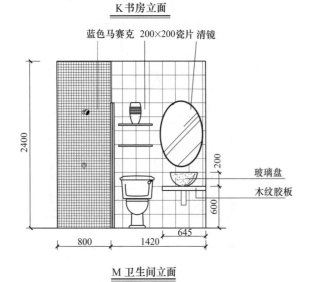

蓝色马赛克　200×200瓷片　清镜

2400　200　600　800　1420　645

玻璃盘
木纹胶板

M 卫生间立面

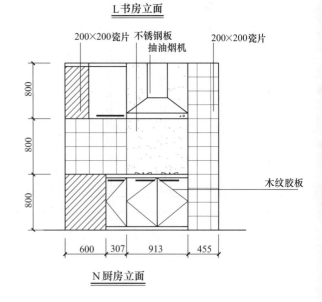

200×200瓷片　不锈钢板　200×200瓷片
抽油烟机

800　800　800　600　307　913　455

木纹胶板

N 厨房立面

38

方案 10: 两室 88m²

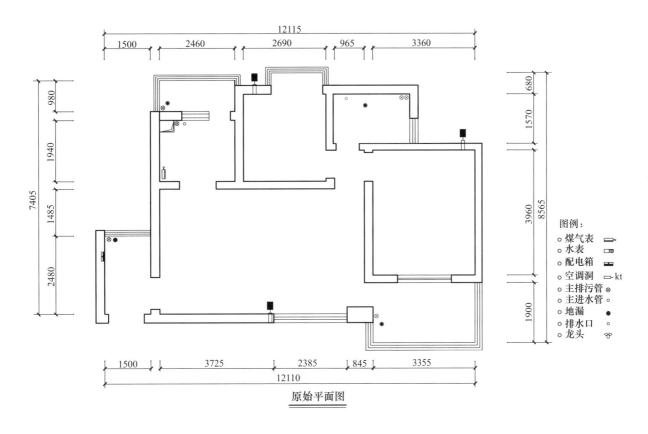

图例:
- ○ 煤气表
- ○ 水表
- □ 配电箱
- □ 空调洞 ⊡ kt
- ○ 主排污管 ⊗
- ○ 主进水管 ○
- ● 地漏
- ○ 排水口
- ⊤ 龙头

原始平面图

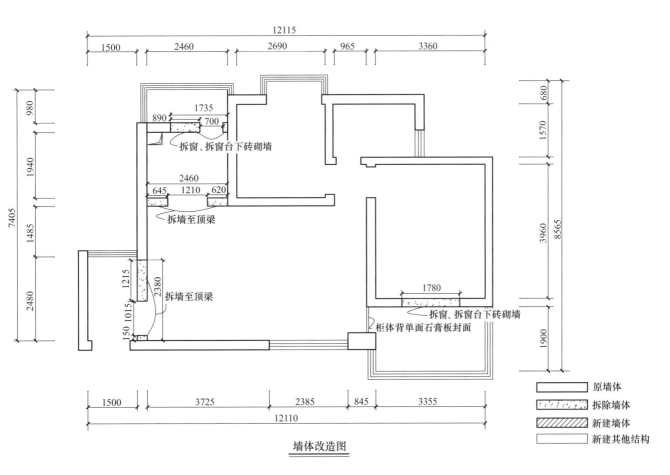

拆窗、拆窗台下砖砌墙

拆墙至顶梁

拆墙至顶梁

拆窗、拆窗台下砖砌墙

柜体背单面石膏板封面

- 原墙体
- 拆除墙体
- 新建墙体
- 新建其他结构

墙体改造图

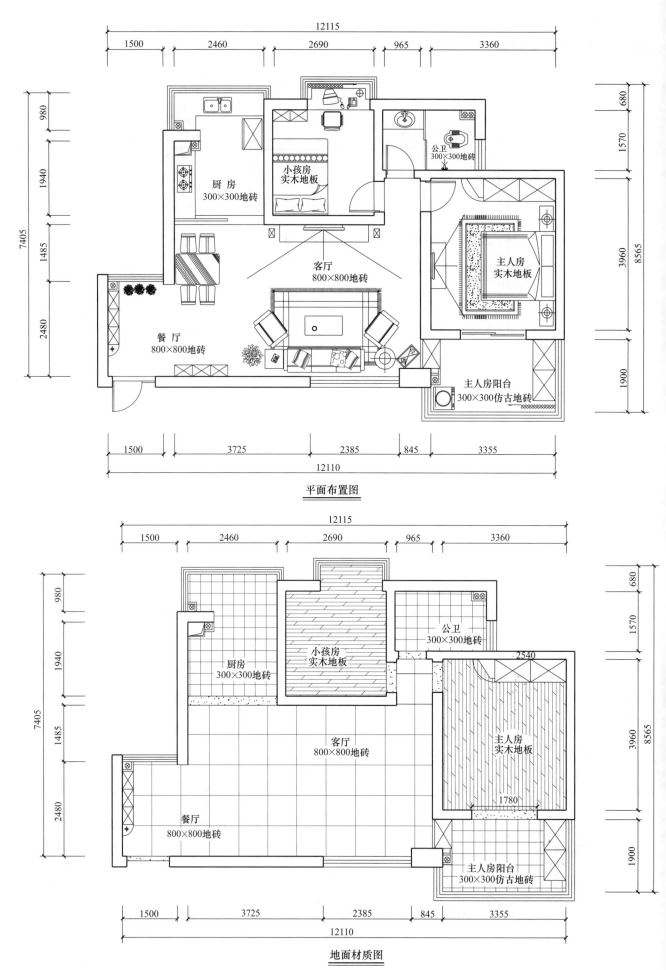

平面布置图

地面材质图

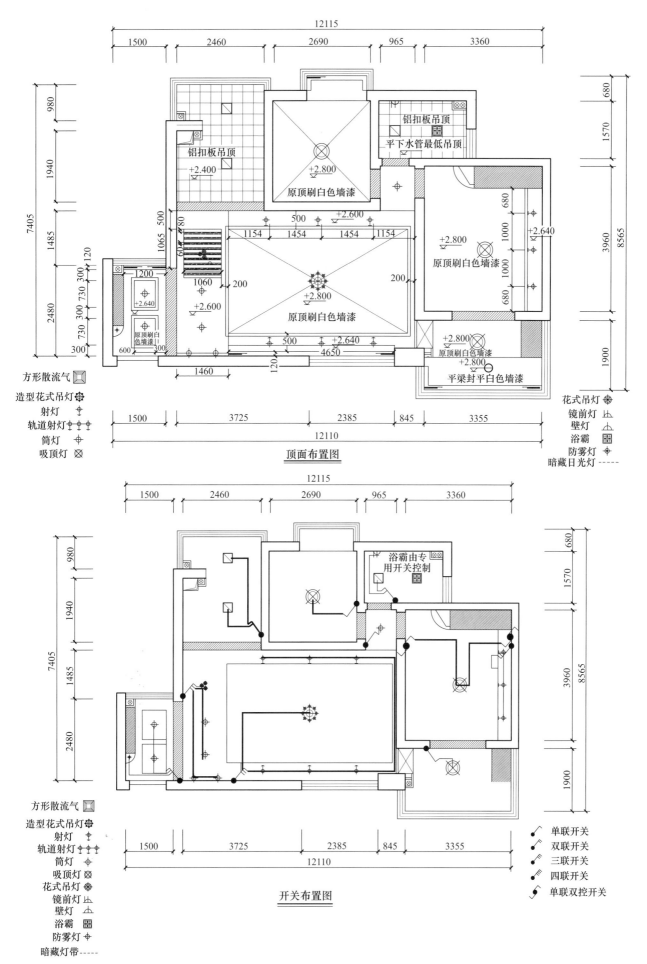

方形散流气 ▣
造型花式吊灯 ✲
射灯 ✛
轨道射灯 ✛✛✛
筒灯 ✛
吸顶灯 ⊗

铝扣板吊顶
+2.400
原顶刷白色墙漆
+2.800
+2.600
1154 1454 1454 1154
+2.600
1060 200
+2.800
原顶刷白色墙漆
500 +2.640
4650

铝扣板吊顶
平下水管最低吊顶
+2.800
原顶刷白色墙漆
+2.640
+2.800
原顶刷白色墙漆
+2.800
平梁封平白色墙漆

花式吊灯 ✲
镜前灯 ⊥
壁灯 ⊥
浴霸 ▦
防雾灯 ✛
暗藏日光灯 -----

顶面布置图

方形散流气 ▣
造型花式吊灯 ✲
射灯 ✛
轨道射灯 ✛✛✛
筒灯 ✛
吸顶灯 ⊗
花式吊灯 ✲
镜前灯 ⊥
壁灯 ⊥
浴霸 ▦
防雾灯 ✛
暗藏灯带 -----

浴霸由专用开关控制

开关布置图

单联开关
双联开关
三联开关
四联开关
单联双控开关

41

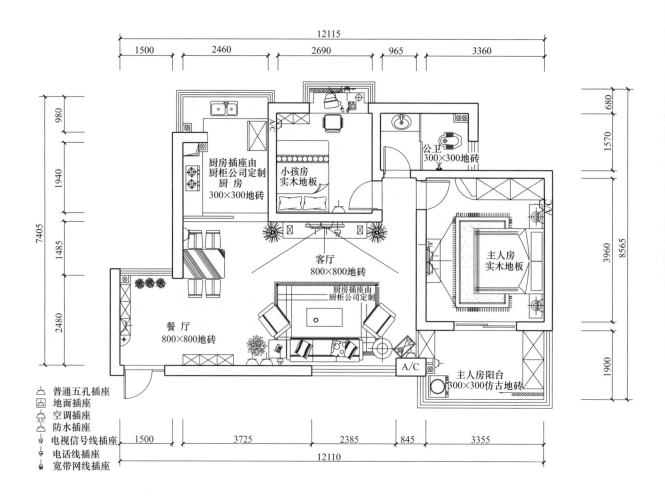

普通五孔插座
地面插座
空调插座
防水插座
电视信号线插座
电话线插座
宽带网线插座

插座布置图

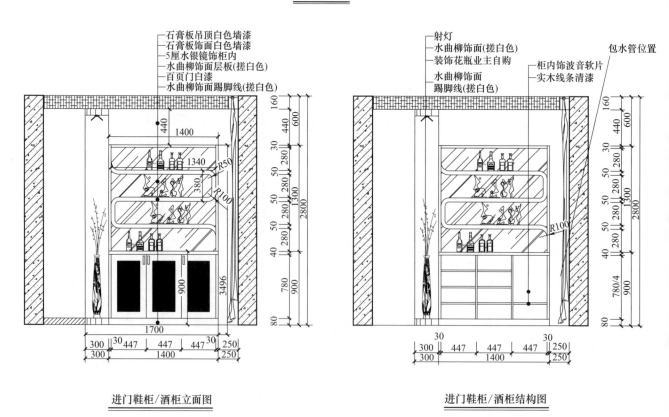

石膏板吊顶白色墙漆
石膏板饰面白色墙漆
5厘水银镜饰柜内
水曲柳饰面层板(搓白色)
百页门白漆
水曲柳饰面踢脚线(搓白色)

射灯
水曲柳饰面(搓白色)
装饰花瓶业主自购
水曲柳饰面
踢脚线(搓白色)
包水管位置
柜内饰波音软片
实木线条清漆

进门鞋柜/酒柜立面图

进门鞋柜/酒柜结构图

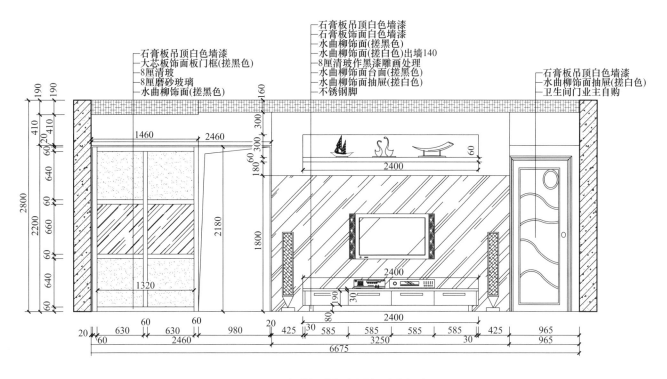

石膏板吊顶白色墙漆
石膏板饰面白色墙漆
水曲柳饰面(搓黑色)
水曲柳饰面(搓白色)出墙140
8厘清玻作黑漆雕画处理
水曲柳饰面台面(搓黑色)
水曲柳饰面抽屉(搓白色)
不锈钢脚

石膏板吊顶白色墙漆
大芯板饰面板门框(搓黑色)
8厘清玻
8厘磨砂玻璃
水曲柳饰面(搓黑色)

石膏板吊顶白色墙漆
水曲柳饰面抽屉(搓白色)
卫生间门业主自购

厨房进门/电视背景墙/过道立面图

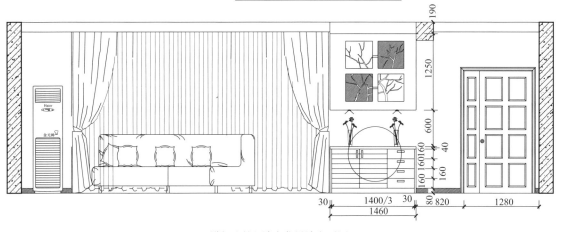

进门/酒柜/沙发背景墙立面图

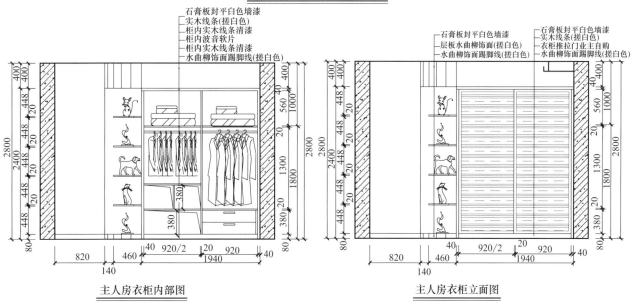

石膏板封平白色墙漆
实木线条(搓白色)
柜内实木线条清漆
柜内波音软片
柜内实木线条清漆
水曲柳饰面踢脚线(搓白色)

石膏板封平白色墙漆
层板水曲柳饰面(搓白色)
水曲柳饰面踢脚线(搓白色)

石膏板封平白色墙漆
实木线条(搓白色)
衣柜推拉门业主自购
水曲柳饰面踢脚线(搓白色)

主人房衣柜内部图　　　　　　　　　　**主人房衣柜立面图**

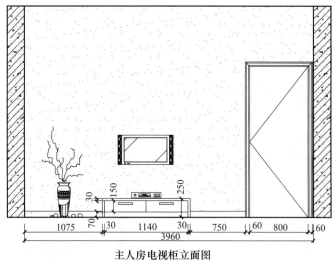

主人房电视柜立面图

石膏板封平白色墙漆
实木线条(搓白色)
柜内实木线条清漆
柜内波音软片
柜内实木线条清漆
水曲柳饰面踢脚线(搓白色)

石膏板封平白色墙漆
实木线条(搓白色)
衣柜推拉门业主自购
水曲柳饰面踢脚线(搓白色)

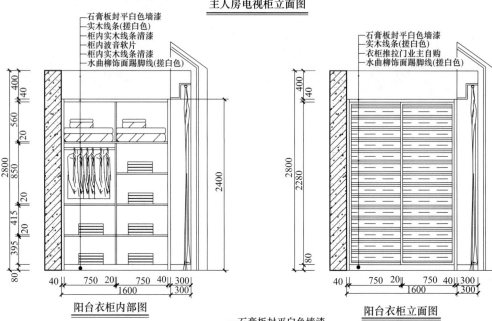

阳台衣柜内部图

阳台衣柜立面图

石膏板封平白色墙漆
实木线条(搓白色)
水曲柳饰面留空(搓白色)
水曲柳饰面柜门(搓白色)
水曲柳饰面抽屉(搓白色)
水曲柳饰面踢脚线(搓白色)

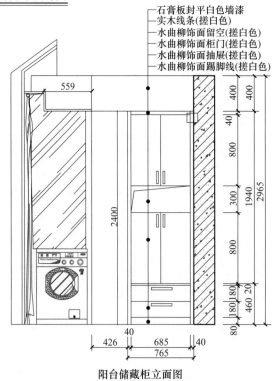

阳台储藏柜立面图

方案 11: 两室 90m²

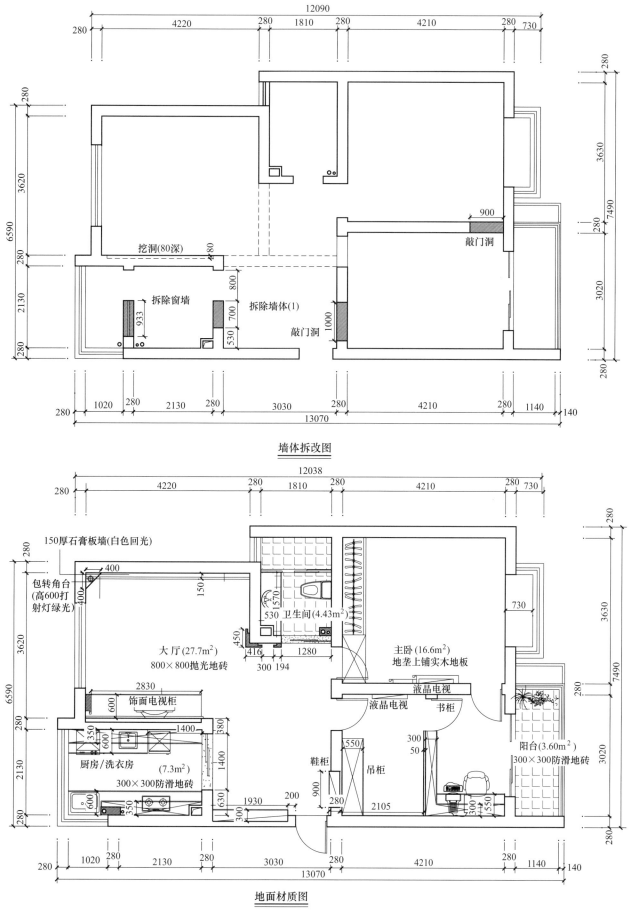

墙体拆改图

挖洞(80深)

拆除窗墙

拆除墙体(1)

敲门洞

敲门洞

900

150厚石膏板墙(白色回光)

包转角台
(高600打
射灯绿光)

大厅(27.7m²)
800×800抛光地砖

饰面电视柜

厨房/洗衣房
(7.3m²)
300×300防滑地砖

卫生间(4.43m²)

主卧(16.6m²)
地垄上铺实木地板

液晶电视

液晶电视

书柜

鞋柜

吊柜

阳台(3.60m²)
300×300防滑地砖

地面材质图

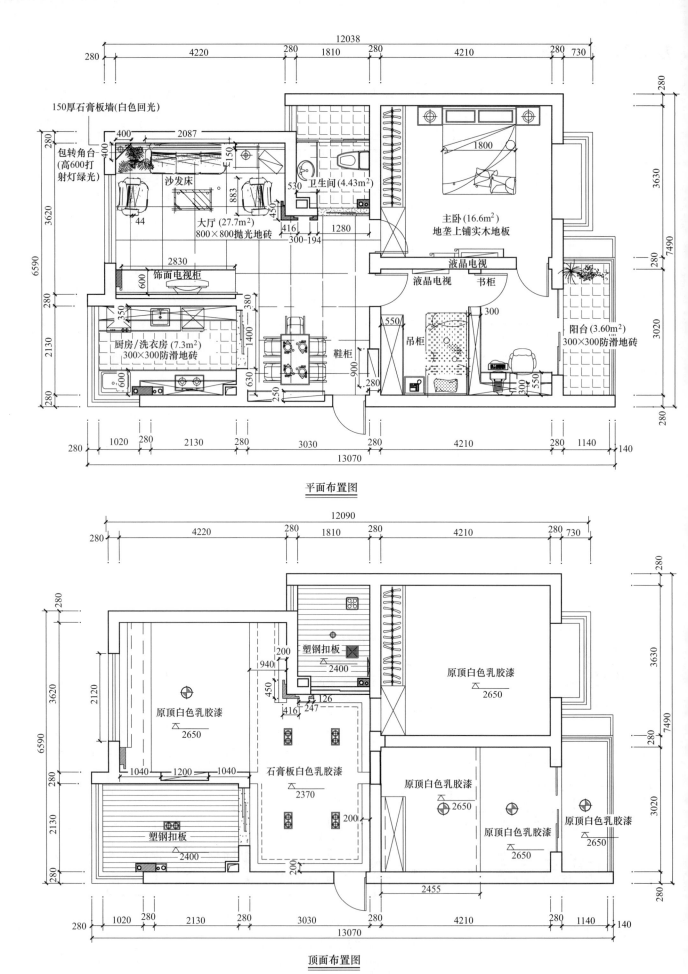

平面布置图

顶面布置图

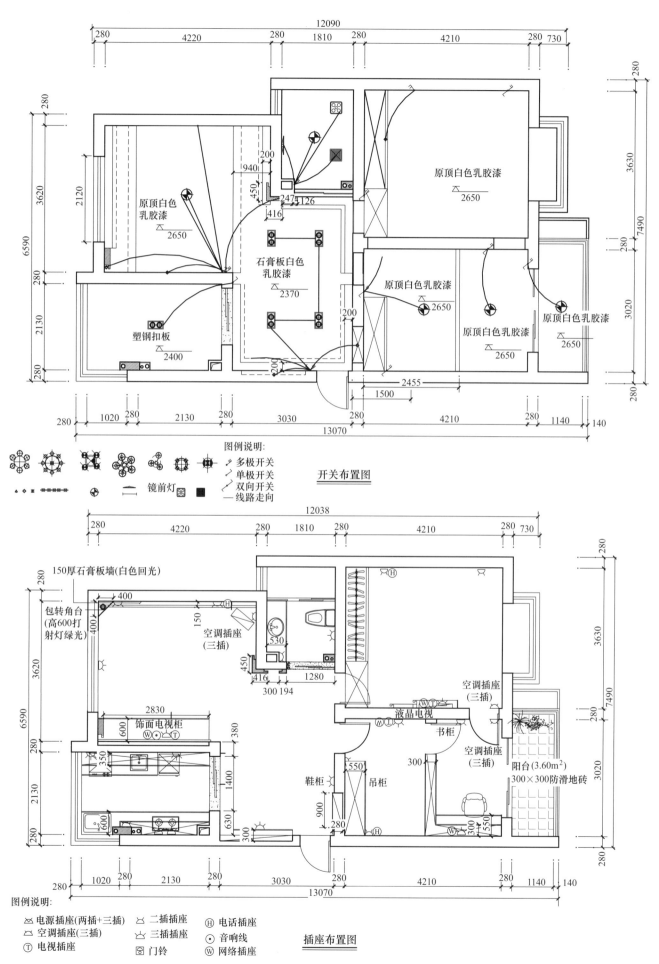

开关布置图

图例说明:
- ⚡ 多极开关
- ⚡ 单极开关
- ⚡ 双向开关
- — 线路走向

插座布置图

图例说明:
- ⋈ 电源插座(两插+三插)
- ⊔ 二插插座
- Ⓗ 电话插座
- ⊏ 空调插座(三插)
- ⊔ 三插插座
- ⊙ 音响线
- Ⓣ 电视插座
- ▣ 门铃
- Ⓦ 网络插座

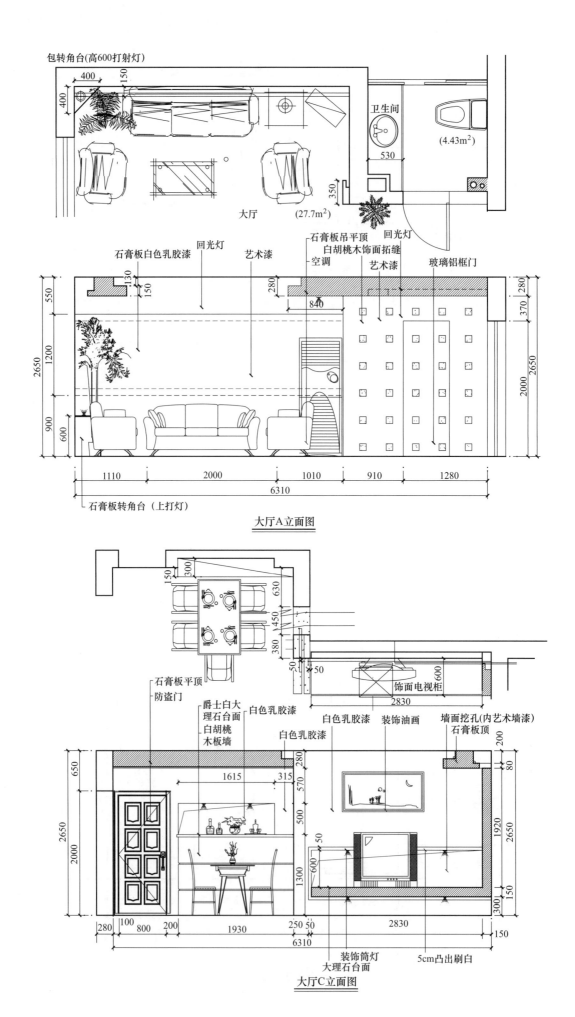

包转角台(高600打射灯)

400
150
400

卫生间

(4.43m²)

530

大厅 (27.7m²)

350

石膏板白色乳胶漆 回光灯 艺术漆 石膏板吊平顶 回光灯
白胡桃木饰面拓缝
空调 艺术漆 玻璃铝框门

130
150
550
1200
2650
900
600
280
840
280
370
2000
2650

1110 2000 1010 910 1280

6310

石膏板转角台（上打灯）

大厅A立面图

150 300
630
450
380
50 50
50

饰面电视柜

2830
600

石膏板平顶
防盗门

爵士白大
理石台面
白胡桃
木板墙 白色乳胶漆 白色乳胶漆 装饰油画 墙面挖孔(内艺术墙漆)
白色乳胶漆 石膏板顶

650
2650
2000
1615 315 280
570
500
1300
50
600
280
200
80
1920
2650
150
300

280 100 800 200 1930 250 50 2830 150

6310

装饰筒灯
大理石台面 5cm凸出刷白

大厅C立面图

48

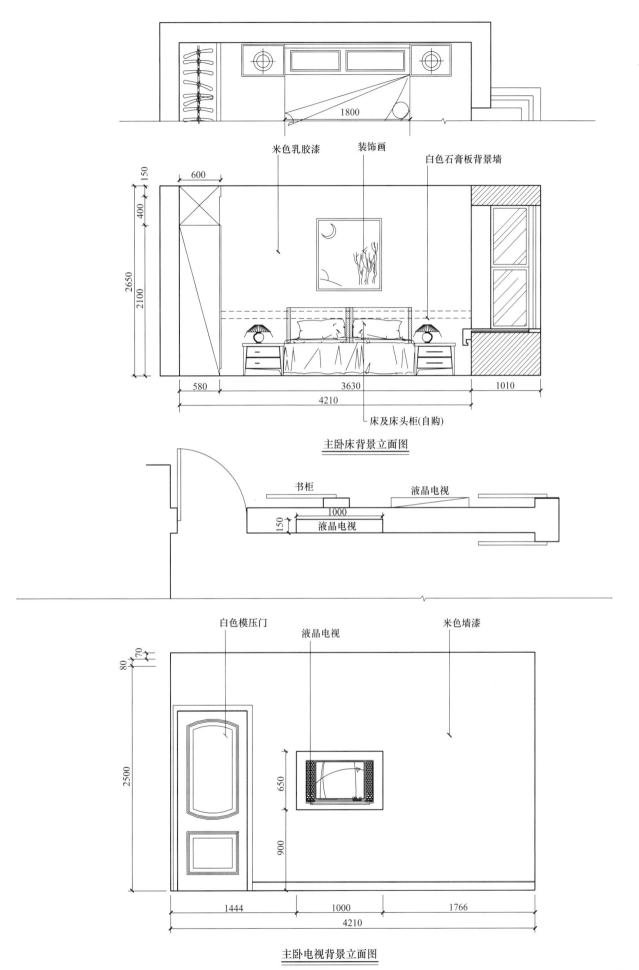

1800

米色乳胶漆　　装饰画　　白色石膏板背景墙

150
400
2650
2100

600

580　　3630　　1010
4210

床及床头柜(自购)

主卧床背景立面图

书柜　　　　液晶电视

1000
150
液晶电视

白色模压门　　液晶电视　　米色墙漆

70
80

2500

650

900

1444　　1000　　1766
4210

主卧电视背景立面图

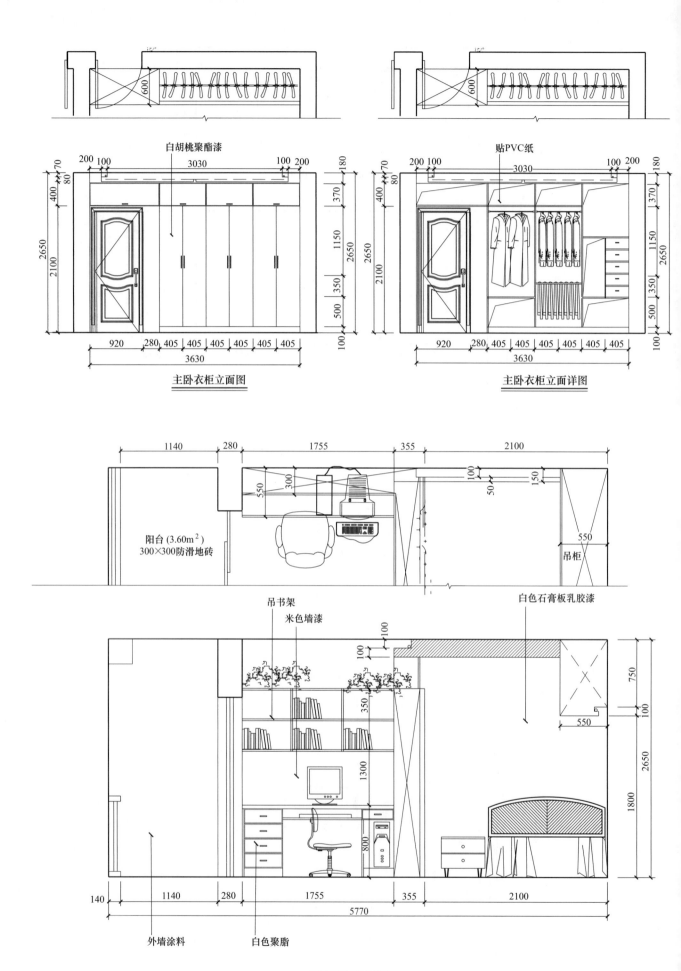

白胡桃聚酯漆

200 100
3030
100 200

180

400 80 70

370

2650 2100

1150

350

500

100

920 280 405 405 405 405 405

3630

主卧衣柜立面图

贴PVC纸

200 100
3030
100 200

180

400 80 70

370

2650 2100

1150

350

500

100

920 280 405 405 405 405 405

3630

主卧衣柜立面详图

1140 280 1755 355 2100

550 300

100
50

150

阳台 (3.60m²)
300×300防滑地砖

550

吊柜

吊书架

米色墙漆

白色石膏板乳胶漆

100

100

750

350

100

550

1300

2650 1800

800

140 1140 280 1755 355 2100

5770

外墙涂料

白色聚脂

书房次卧C立面图

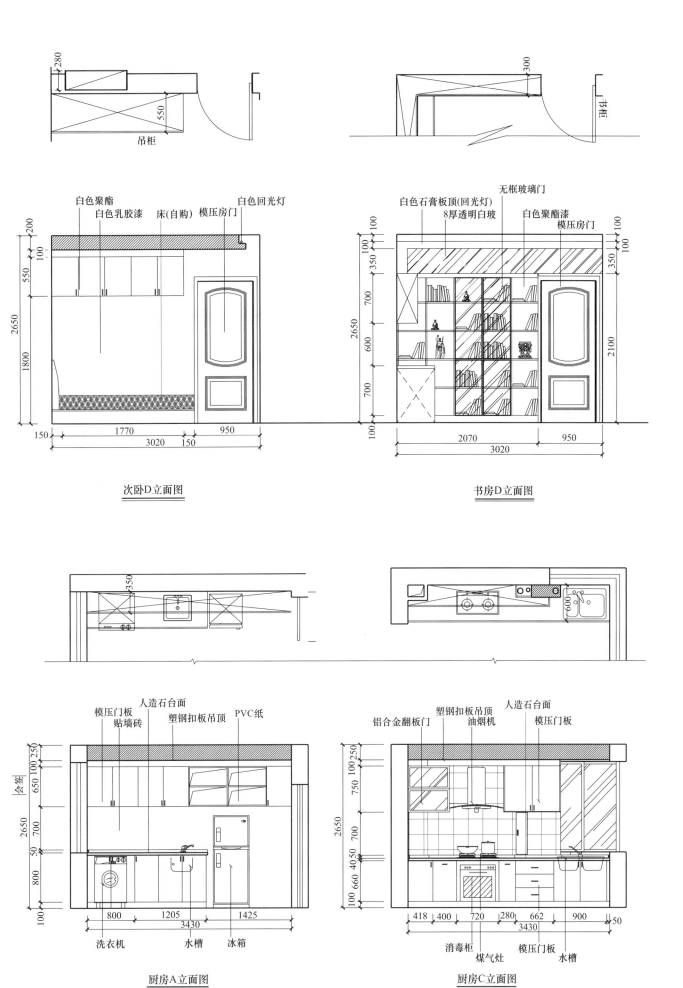

280

吊柜

550

300

书柜

次卧D立面图

白色聚酯
白色乳胶漆
床(自购)
模压房门
白色回光灯

200
100
550
1800
2650

150 1770 3020 150 950

书房D立面图

白色石膏板顶(回光灯)
8厚透明白玻
无框玻璃门
白色聚酯漆
模压房门

100
350
700
600
700
100
2650

100
350
2100
100

2070 3020 950

厨房A立面图

模压门板
贴墙砖
人造石台面
塑钢扣板吊顶
PVC纸

350

含窗 250 100 650 700 50 800 100
2650

洗衣机 800 水槽 1205 3430 冰箱 1425

厨房C立面图

铝合金翻板门
塑钢扣板吊顶
油烟机
人造石台面
模压门板

600

250 100 750 700 40 50 660 100
2650

消毒柜 418 400 煤气灶 720 280 模压门板 662 水槽 900 50 3430

51

方案 12: 三室 90m²

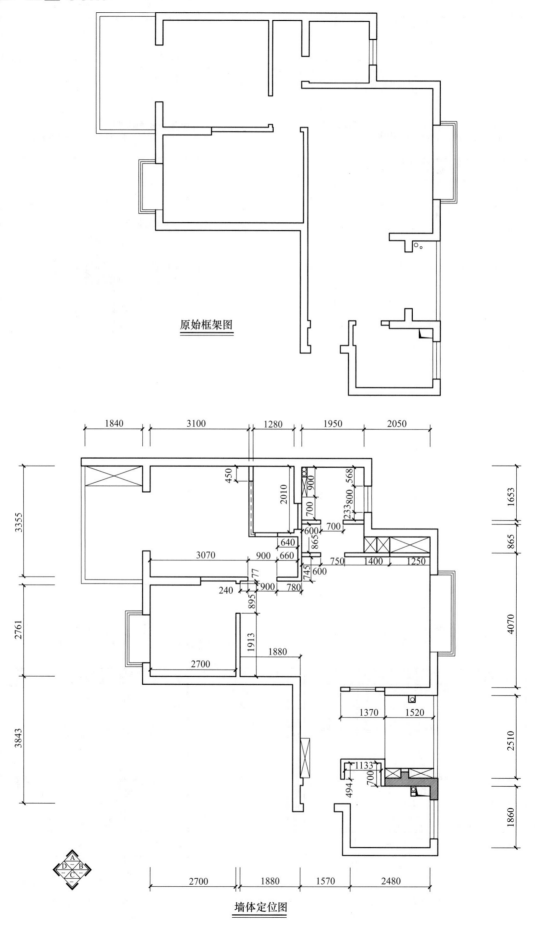

原始框架图

墙体定位图

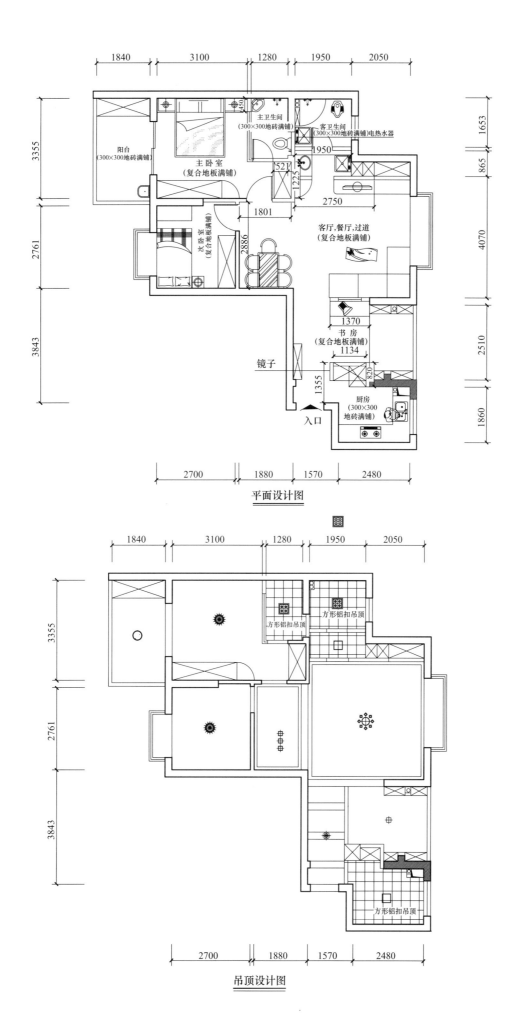

平面设计图

吊顶设计图

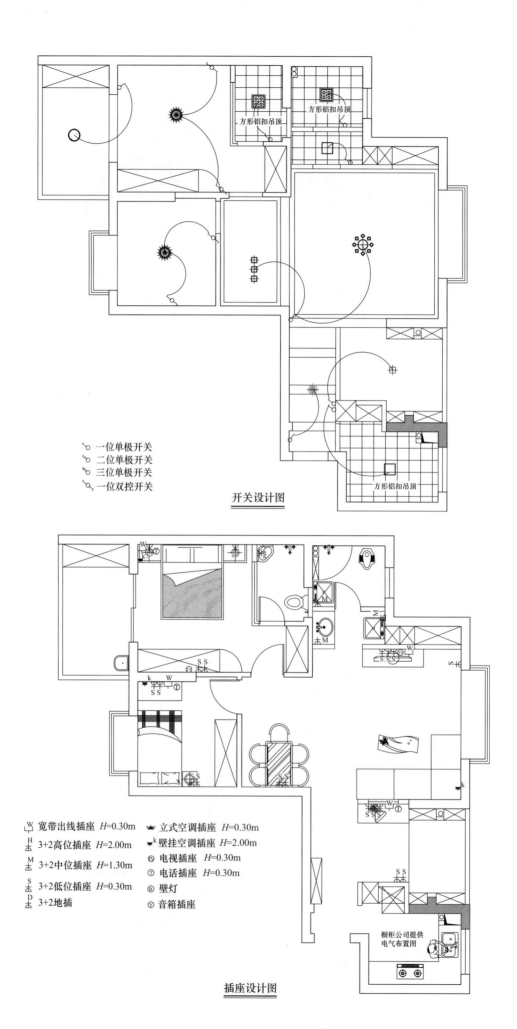

方形铝扣吊顶

方形铝扣吊顶

方形铝扣吊顶

一位单极开关
二位单极开关
三位单极开关
一位双控开关

开关设计图

宽带出线插座 H=0.30m
3+2高位插座 H=2.00m
3+2中位插座 H=1.30m
3+2低位插座 H=0.30m
3+2地插

立式空调插座 H=0.30m
壁挂空调插座 H=2.00m
电视插座 H=0.30m
电话插座 H=0.30m
壁灯
音箱插座

橱柜公司提供
电气布置图

插座设计图

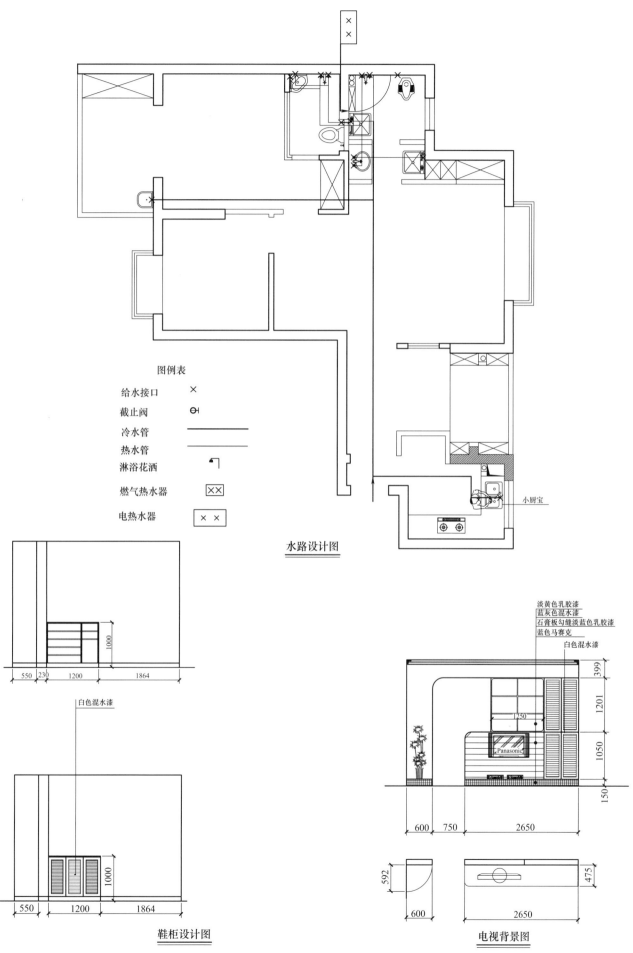

图例表

给水接口	×
截止阀	⊖
冷水管	——
热水管	——
淋浴花洒	
燃气热水器	××
电热水器	× ×

小厨宝

水路设计图

1000

550 230 1200 1864

白色混水漆

1000

550 1200 1864

鞋柜设计图

淡黄色乳胶漆
蓝灰色混水漆
石膏板勾缝淡蓝色乳胶漆
蓝色马赛克
白色混水漆

399

1201

1250

Panasonic

1050

150

600 750 2650

592

600

475

2650

电视背景图

55

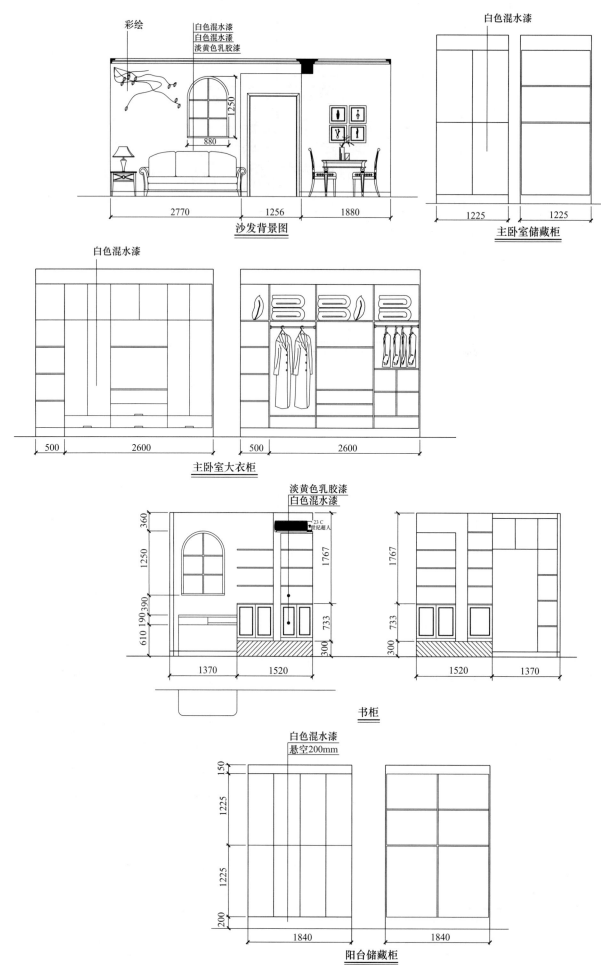

彩绘

白色混水漆
白色混水漆
淡黄色乳胶漆

1250

880

2770   1256   1880

沙发背景图

白色混水漆

1225   1225

主卧室储藏柜

白色混水漆

500   2600

500   2600

主卧室大衣柜

淡黄色乳胶漆
白色混水漆

360
1250
190 390
610
1370

1767
733
300
1520

23 C
世纪超人

1767
733
300
1520   1370

书柜

白色混水漆
悬空200mm

150
1225
1225
200
1840

1840

阳台储藏柜

方案 13：三室 94.5m²

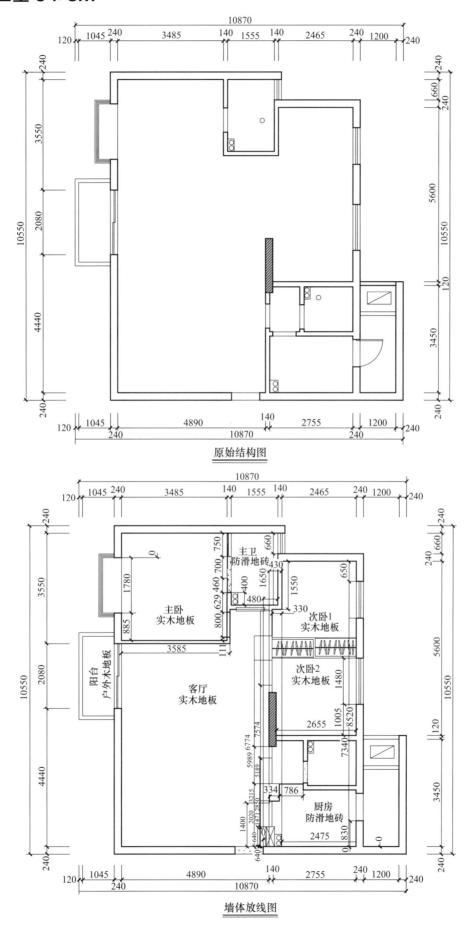

原始结构图

墙体放线图

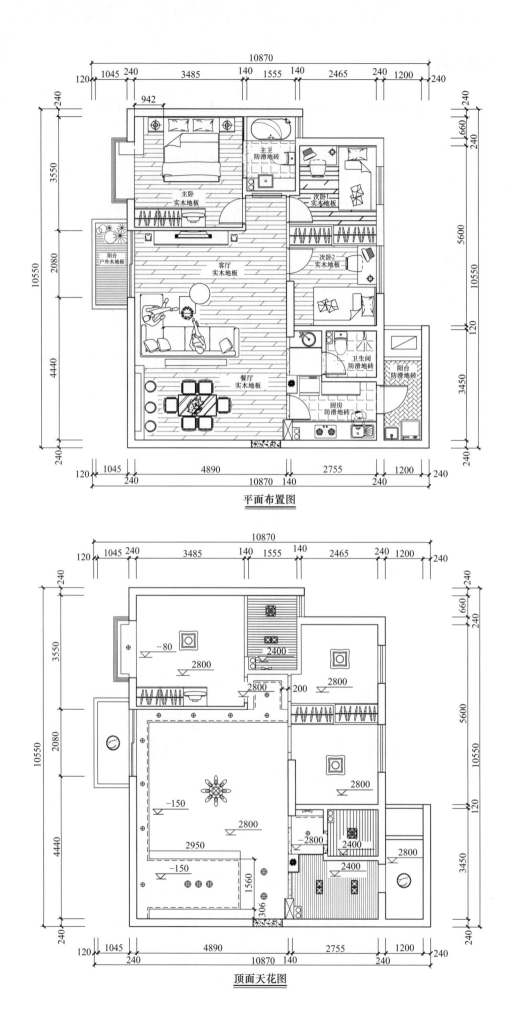

平面布置图

顶面天花图

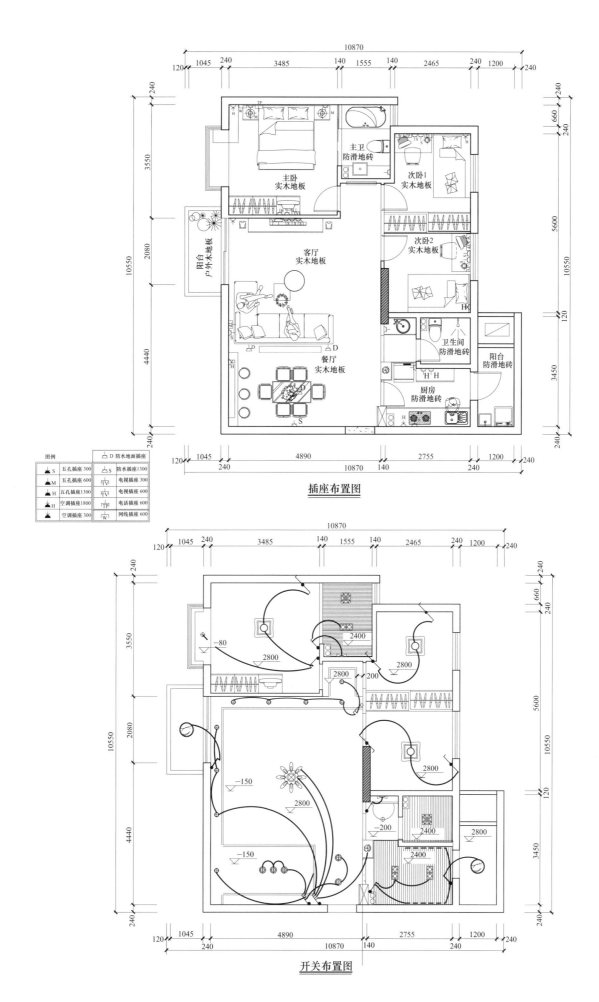

插座布置图

图例

图例		
S	五孔插座 300	D 防水地面插座
M	五孔插座 600	防水插座 1300
H	五孔插座 1300	TV 电视插座 300
H	空调插座 1800	TV 电视插座 600
	空调插座 300	TP 电话插座 600
		W 网线插座 600

开关布置图

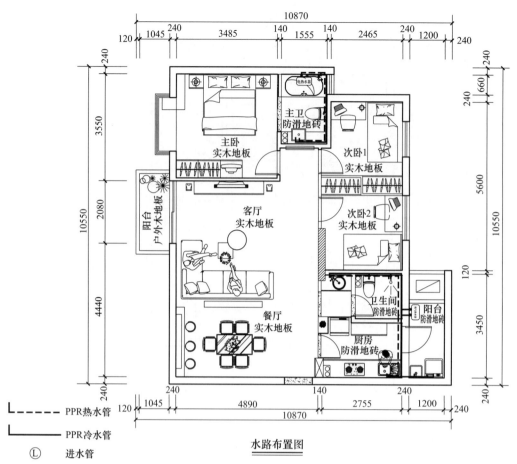

水路布置图

------ PPR热水管

└─ PPR冷水管

Ⓛ 进水管

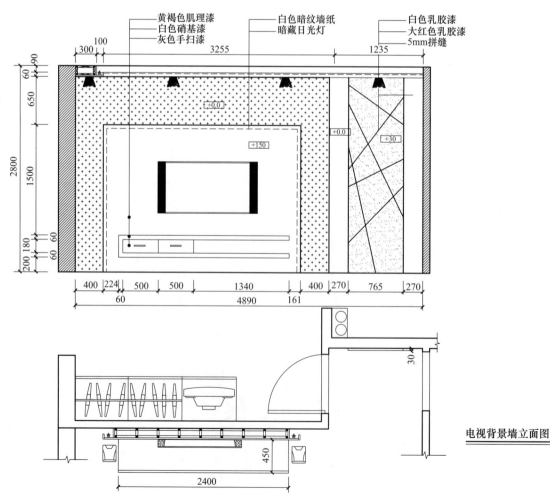

黄褐色肌理漆
白色硝基漆
灰色手扫漆

白色暗纹墙纸
暗藏日光灯

白色乳胶漆
大红色乳胶漆
5mm拼缝

电视背景墙立面图

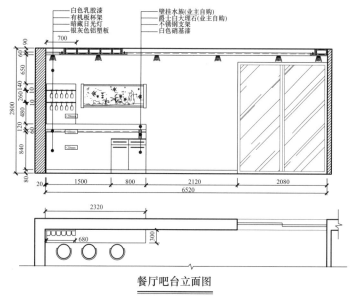

白色乳胶漆
有机板板杯架
暗藏日光灯
银灰色铝塑板

壁挂水族(业主自购)
爵士白大理石(业主自购)
不锈钢支架
白色硝基漆

餐厅吧台立面图

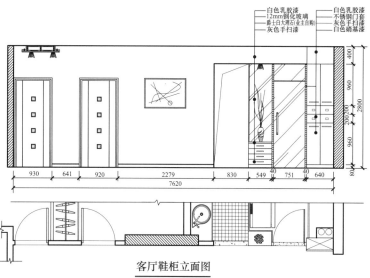

白色乳胶漆
12mm钢化玻璃
爵士白大理石(业主自购)
灰色手扫漆

白色乳胶漆
不锈钢门套
灰色手扫漆
白色硝基漆

客厅鞋柜立面图

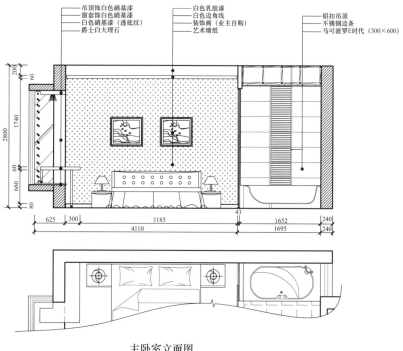

吊顶饰白色硝基漆
窗套饰白色硝基漆
白色硝基漆(透底纹)
爵士白大理石

白色乳胶漆
白色边角线
装饰画(业主自购)
艺术墙纸

铝扣吊顶
不锈钢边条
马可波罗E时代(300×600)

主卧室立面图

61

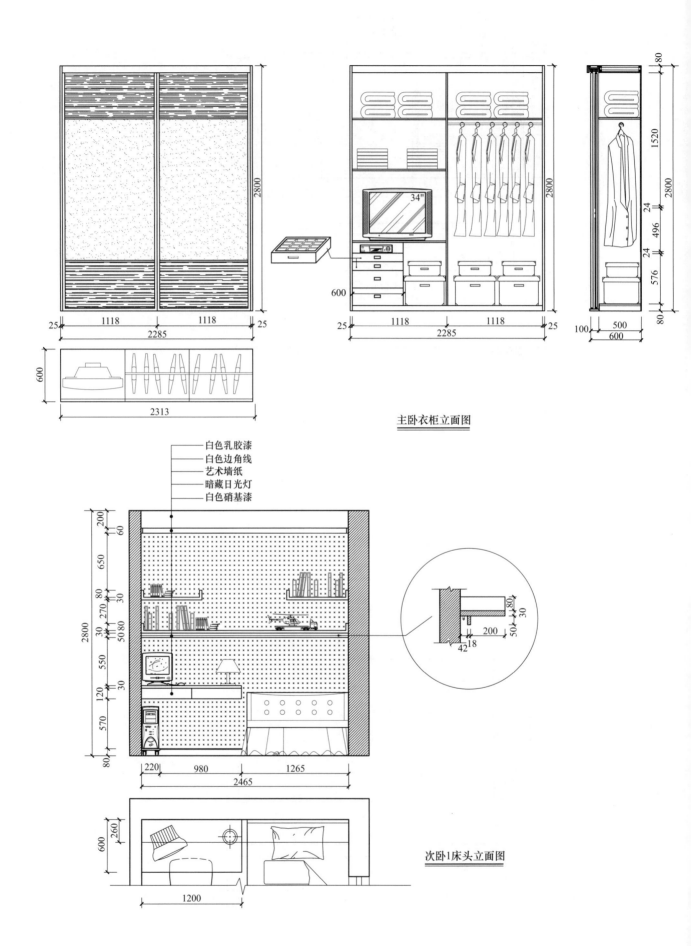

主卧衣柜立面图

白色乳胶漆
白色边角线
艺术墙纸
暗藏日光灯
白色硝基漆

次卧1床头立面图

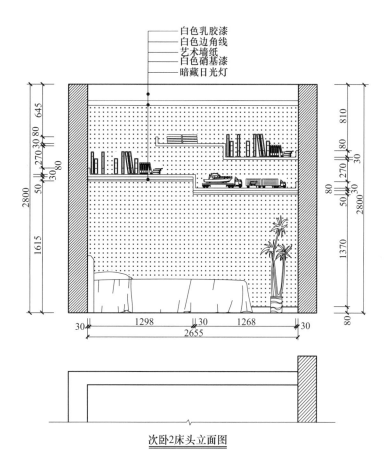

白色乳胶漆
白色边角线
艺术墙纸
白色硝基漆
暗藏日光灯

次卧2床头立面图

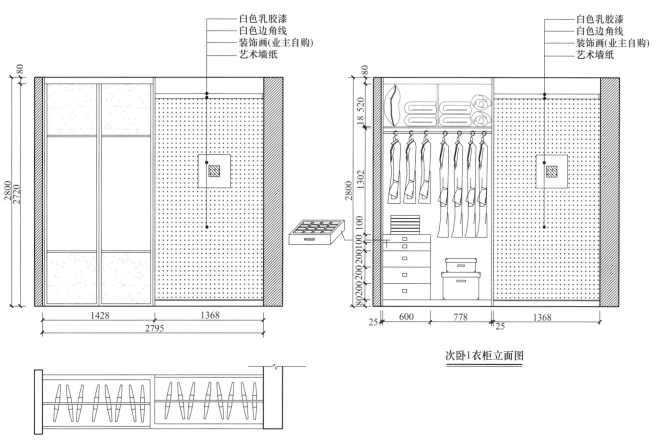

白色乳胶漆
白色边角线
装饰画(业主自购)
艺术墙纸

白色乳胶漆
白色边角线
装饰画(业主自购)
艺术墙纸

次卧1衣柜立面图

方案 14：三室 96m²

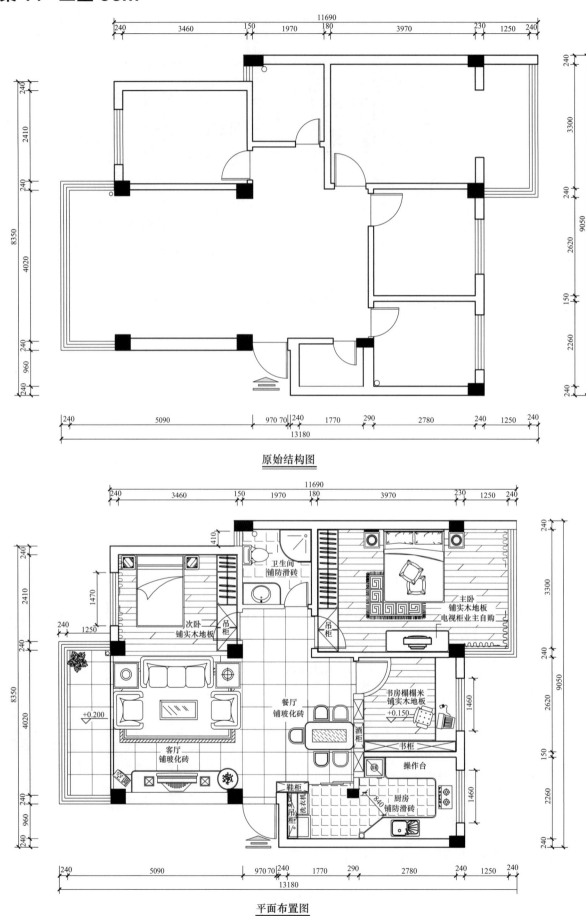

原始结构图

平面布置图

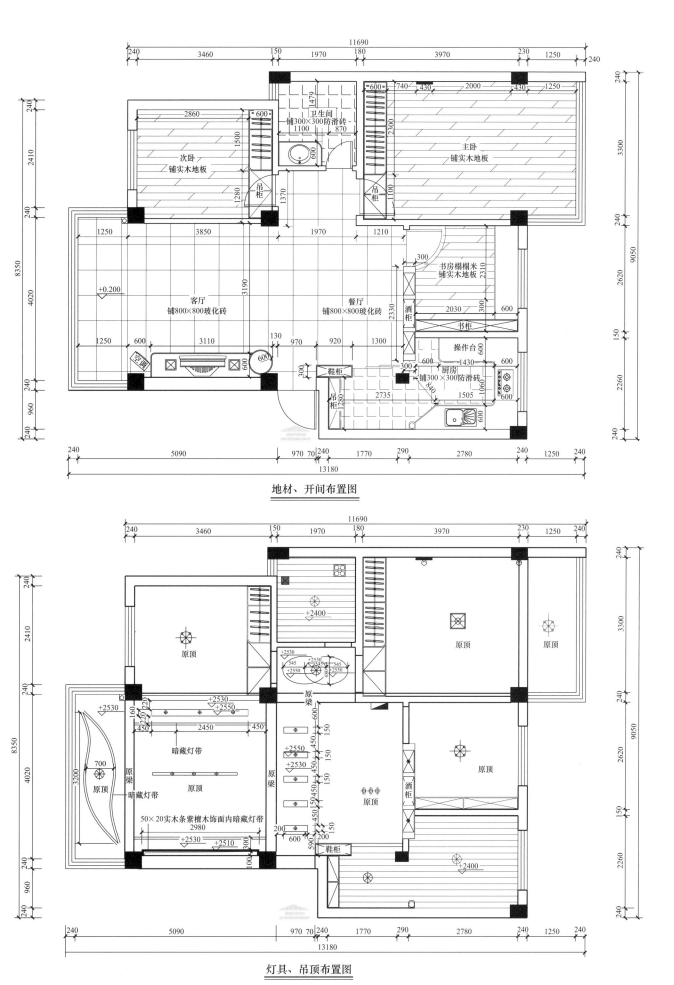

地材、开间布置图

灯具、吊顶布置图

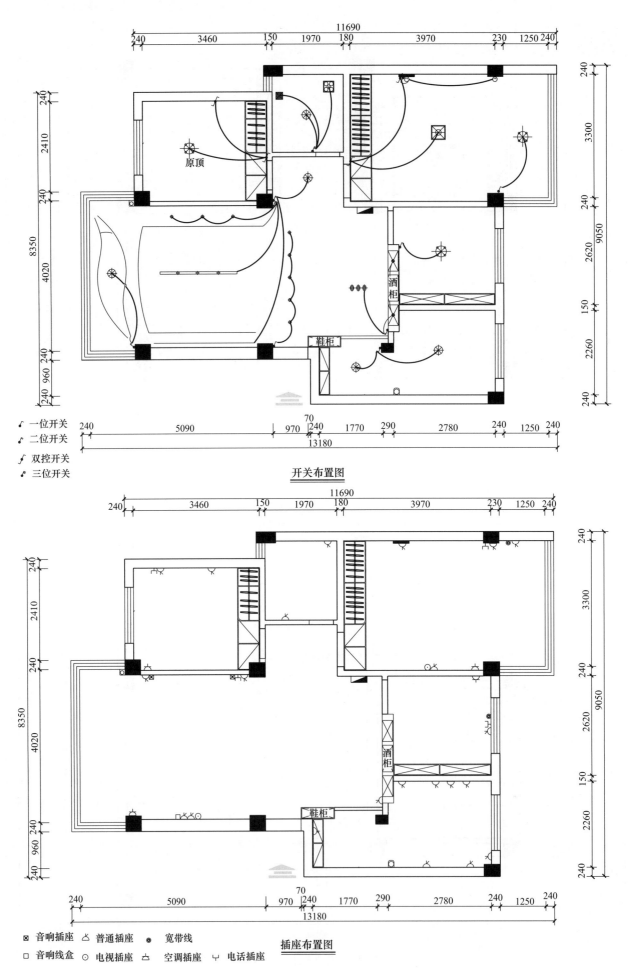

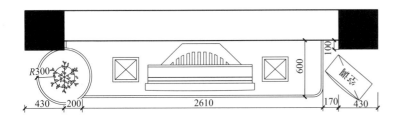

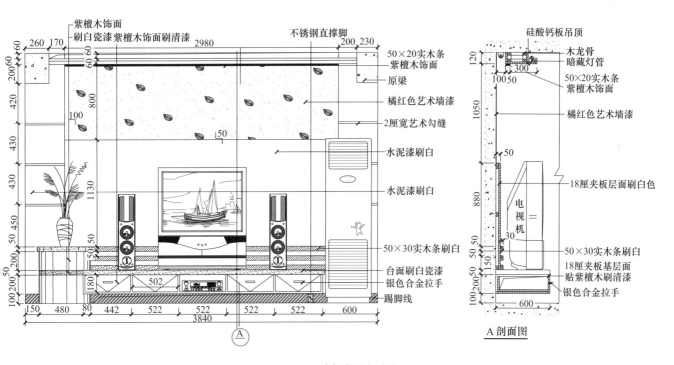

紫檀木饰面
刷白瓷漆紫檀木饰面刷清漆
不锈钢直撑脚
50×20实木条
紫檀木饰面
原梁
橘红色艺术墙漆
2厘宽艺术勾缝
水泥漆刷白
水泥漆刷白
50×30实木条刷白
台面刷白瓷漆
银色合金拉手
踢脚线

硅酸钙板吊顶
木龙骨
暗藏灯管
50×20实木条
紫檀木饰面
橘红色艺术墙漆
18厘夹板层面刷白色
电视机
50×30实木条刷白
18厘夹板基层面
贴紫檀木刷清漆
银色合金拉手

电视背景立面图

A 剖面图

酒柜

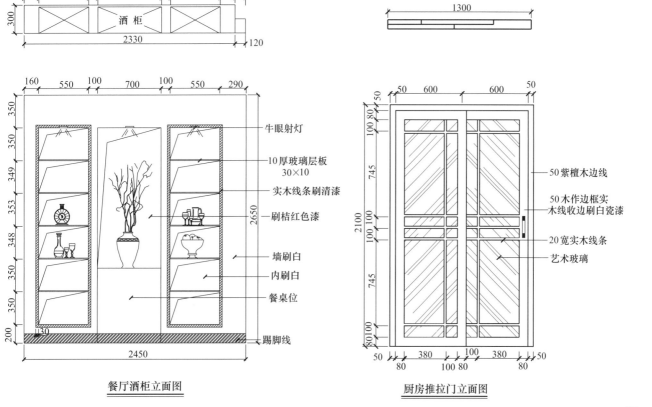

牛眼射灯
10厚玻璃层板
30×10
实木线条刷清漆
刷桔红色漆
墙刷白
内刷白
餐桌位
踢脚线

50紫檀木边线
50木作边框实
木线收边刷白瓷漆
20宽实木线条
艺术玻璃

餐厅酒柜立面图

厨房推拉门立面图

67

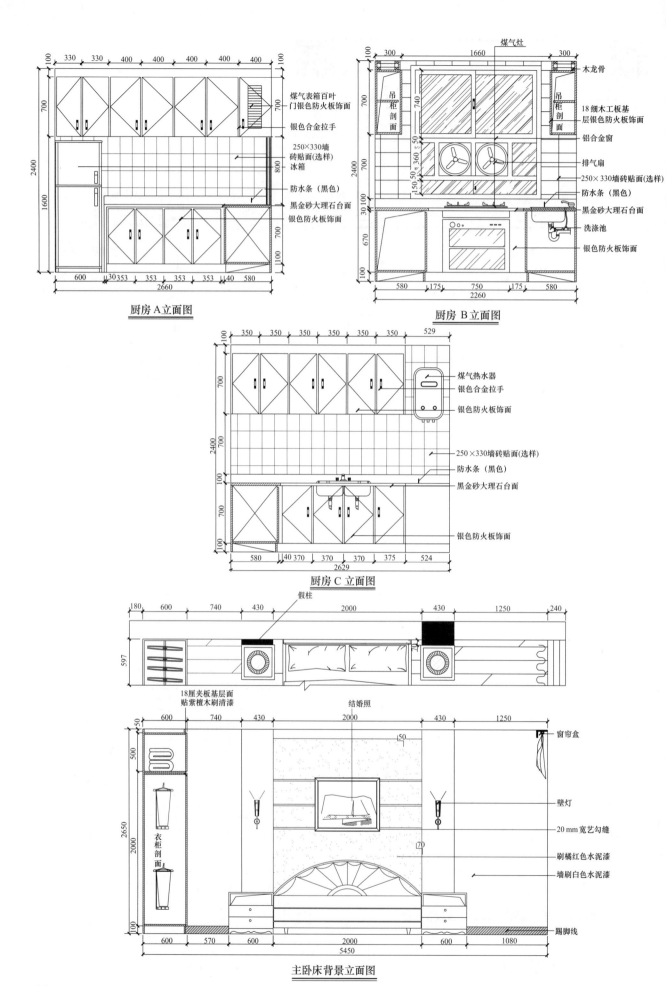

煤气灶

木龙骨

煤气表箱百叶
门银色防火板饰面

银色合金拉手

250×330墙
砖贴面(选样)

冰箱

防水条（黑色）

黑金砂大理石台面

银色防火板饰面

吊柜剖面

吊柜剖面

18细木工板基
层银色防火板饰面

铝合金窗

排气扇

250×330墙砖贴面(选样)

防水条（黑色）

黑金砂大理石台面

洗涤池

银色防火板饰面

厨房A立面图

厨房 B 立面图

煤气热水器

银色合金拉手

银色防火板饰面

250×330墙砖贴面(选样)

防水条（黑色）

黑金砂大理石台面

银色防火板饰面

厨房 C 立面图

假柱

18厘夹板基层面
贴紫檀木刷清漆

结婚照

窗帘盒

壁灯

20 mm 宽艺勾缝

刷橘红色水泥漆

墙刷白色水泥漆

衣柜剖面

踢脚线

主卧床背景立面图

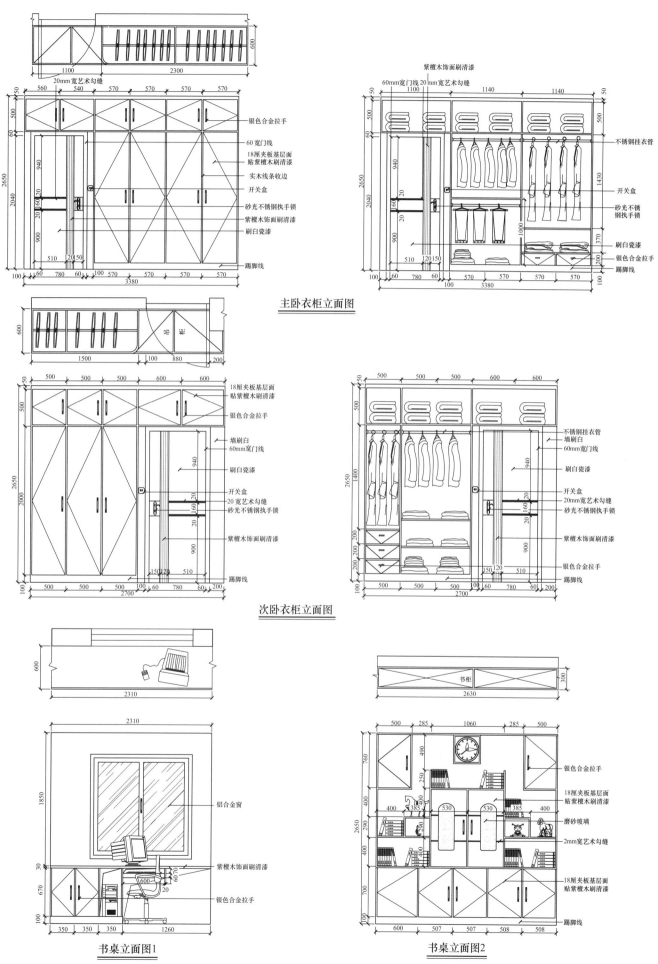

主卧衣柜立面图

次卧衣柜立面图

书桌立面图1

书桌立面图2

方案 15: 三室 100m²

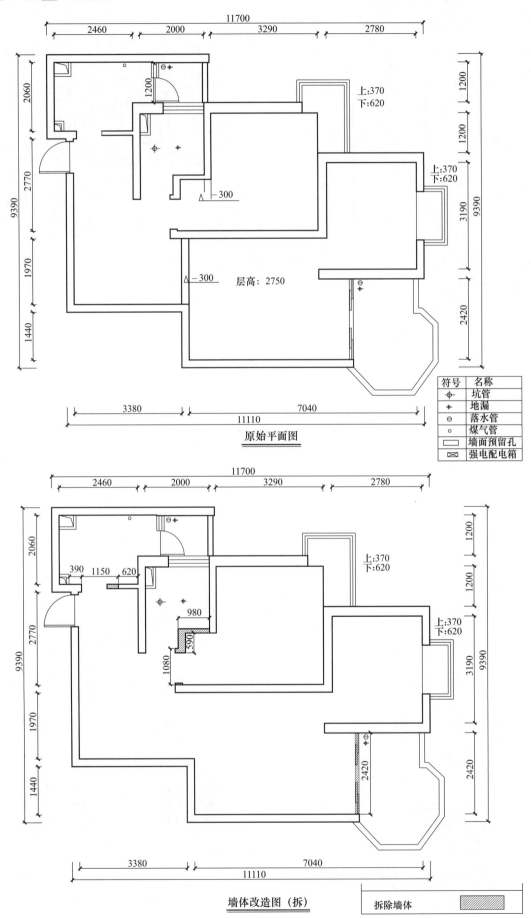

符号	名称
⊕	坑管
+	地漏
⊖	落水管
○	煤气管
▭	墙面预留孔
⊠	强电配电箱

原始平面图

层高: 2750

上:370 下:620

墙体改造图(拆)

拆除墙体

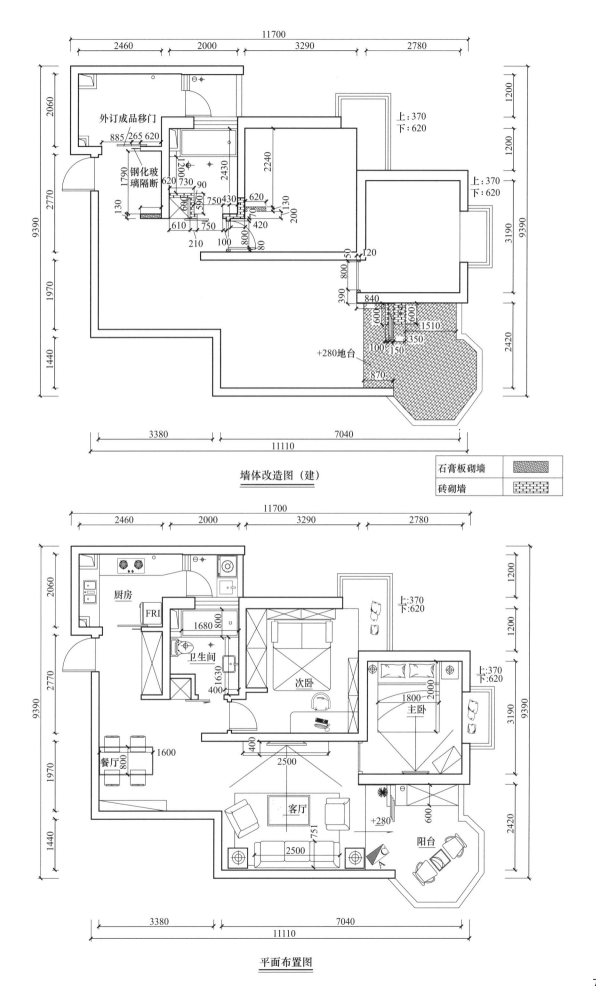

墙体改造图（建）

石膏板砌墙	
砖砌墙	

平面布置图

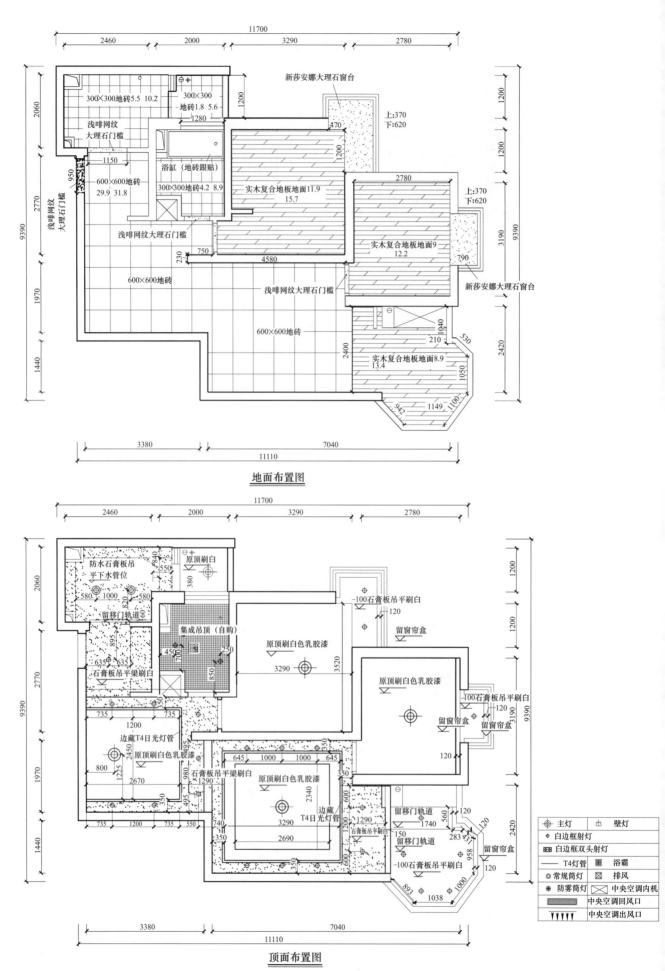

地面布置图

顶面布置图

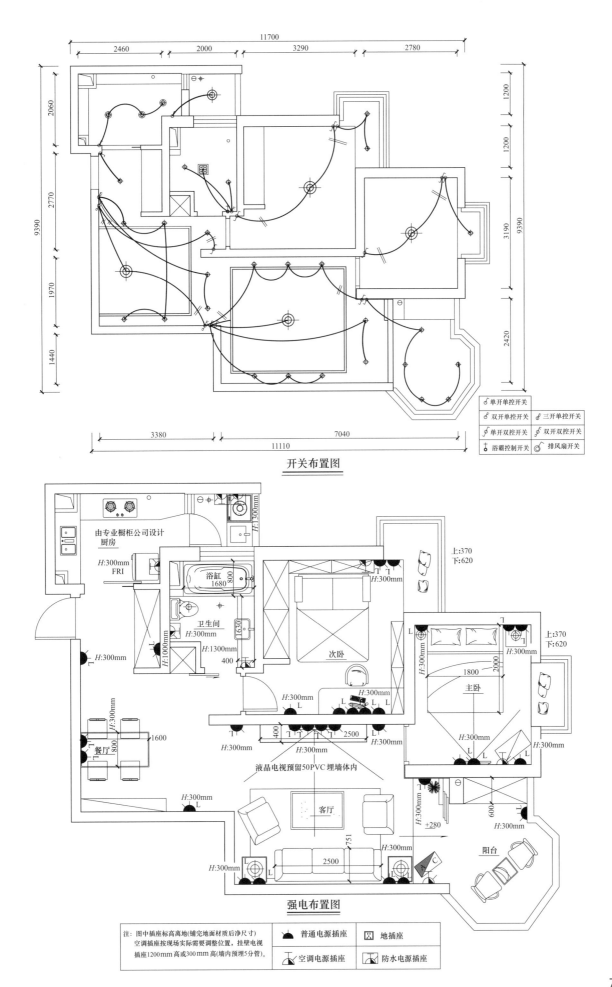

开关布置图

单开单控开关	
双开单控开关	三开单控开关
单开双控开关	双开双控开关
浴霸控制开关	排风扇开关

由专业橱柜公司设计
厨房

H:300mm
FRI

浴缸
1680
800

卫生间
H:300mm

H:1000mm

H:1300mm

400

上:370
下:620

次卧

上:370
下:620

H:300mm

H:300mm

1800   2000

主卧

H:300mm

H:300mm

H:300mm

H:300mm   L

H:300mm

H:300mm   L   L   L

H:300mm   400   2500   H:300mm

H:300mm

H:300mm

H:300mm   L

600

餐厅
800   1600

H:300mm

液晶电视预留50PVC埋墙体内

+280

H:300mm

H:300mm

客厅

751

阳台

2500

H:300mm   L   L   C

强电布置图

注：图中插座标高离地(铺完地面材质后净尺寸)
空调插座按现场实际需要调整位置，挂壁电视
插座1200mm高或300mm高(墙内预埋5分管)。

| ⏚ 普通电源插座 | ⊠ 地插座 |
| 空调电源插座 | 防水电源插座 |

73

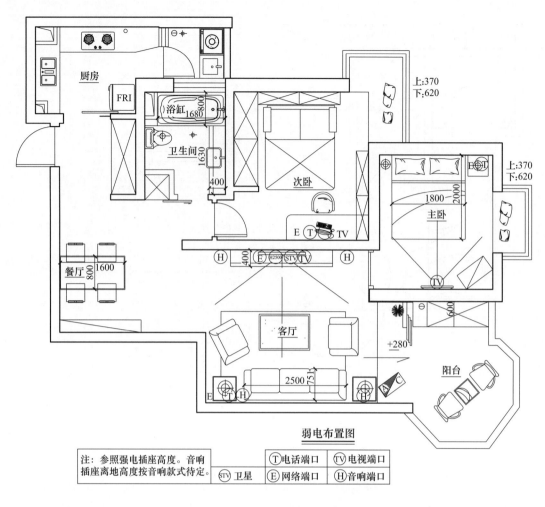

厨房

FRI

浴缸 1680 800

卫生间 1630

400

次卧

主卧

上:370
下:620

1800 2000

上:370
下:620

E

T TV

TV

600

餐厅 800 1600

E H2500 STV TV

H

400

客厅

2500 751

+280

阳台

E T H

H

A

弱电布置图

注：参照强电插座高度。音响插座离地高度按音响款式待定。	Ⓣ 电话端口	Ⓣⓥ 电视端口
Ⓢⓣⓥ 卫星	Ⓔ 网络端口	Ⓗ 音响端口

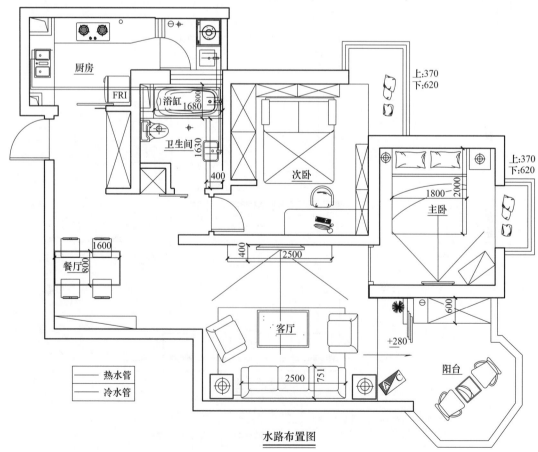

厨房

FRI

浴缸 1680 800

卫生间 1630

400

次卧

主卧

上:370
下:620

上:370
下:620

1800 2000

餐厅 800 1600

400

2500

客厅

+280

2500 751

600

阳台

A

— 热水管
— 冷水管

水路布置图

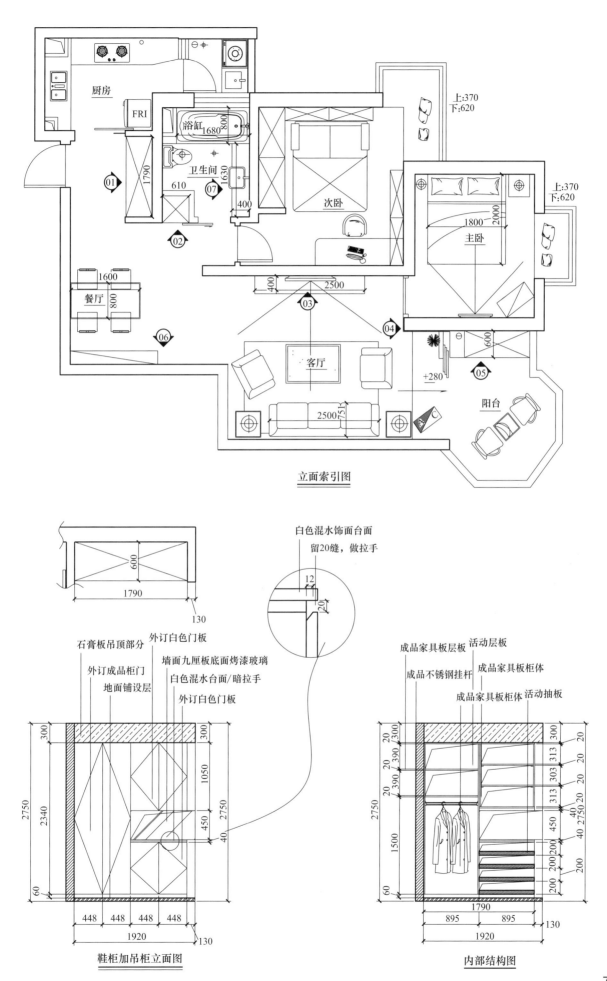

立面索引图

厨房
浴缸 1680 800
卫生间
610
01
1790
07 1630
400
02
餐厅 1600 800
06
次卧
上:370
下:620
主卧
1800 2000
上:370
下:620
03
2500
400
04
05
+280 600
客厅
2500 751
阳台

白色混水饰面台面
留20缝，做拉手
12
20

600
1790
130

石膏板吊顶部分
外订成品柜门
地面铺设层
外订白色门板
墙面九厘板底面烤漆玻璃
白色混水台面/暗拉手
外订白色门板

300
300
1050
2340
2750
450
2750
40
60
448 448 448 448
1920 130

鞋柜加吊柜立面图

成品家具板层板 活动层板
成品不锈钢挂杆 成品家具板柜体
成品家具板柜体 活动抽板

20 300 300 20
20
390 313 313 20
20 303 20
390 313 20
20 40 20
1500 450 40 2750
60 200 200
200
200
130
895 895
1790
1920

内部结构图

75

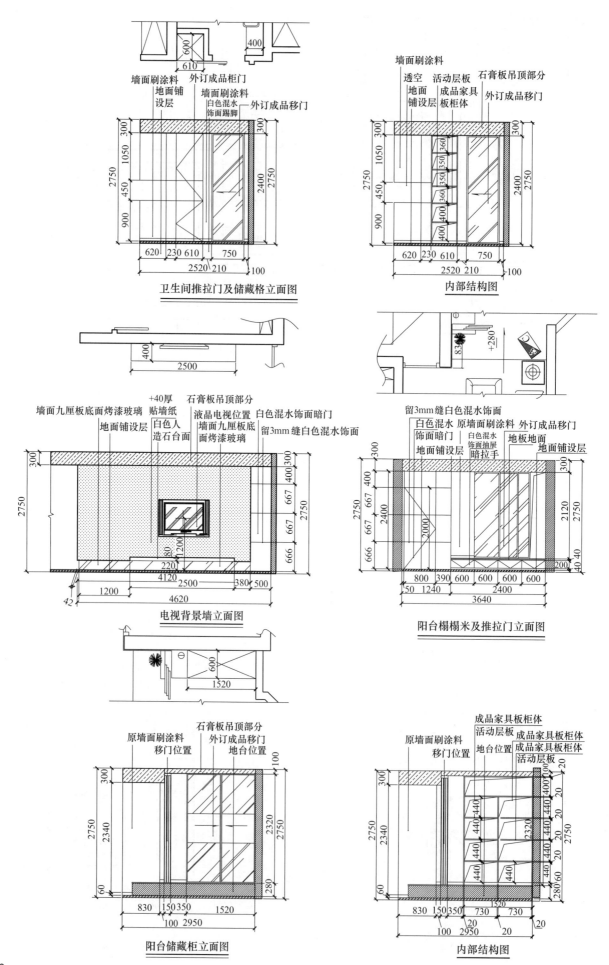

墙面刷涂料
地面铺设层
外订成品柜门
墙面刷涂料
白色混水饰面踢脚
外订成品移门

卫生间推拉门及储藏格立面图

墙面刷涂料
透空
地面铺设层
活动层板
成品家具板柜体
石膏板吊顶部分
外订成品移门

内部结构图

墙面九厘板底面烤漆玻璃
地面铺设层
+40厚贴墙纸
白色人造石台面
液晶电视位置
墙面九厘板底面烤漆玻璃
石膏板吊顶部分
白色混水饰面暗门
留3mm缝白色混水饰面

电视背景墙立面图

留3mm缝白色混水饰面
白色混水饰面暗门
地面铺设层
原墙面刷涂料
白色混水饰面抽屉暗拉手
外订成品移门
地板地面
地面铺设层

阳台榻榻米及推拉门立面图

原墙面刷涂料
移门位置
石膏板吊顶部分
外订成品移门
地台位置

阳台储藏柜立面图

原墙面刷涂料
移门位置
成品家具板柜体
活动层板
成品家具板柜体
地台位置
成品家具板柜体
活动层板

内部结构图

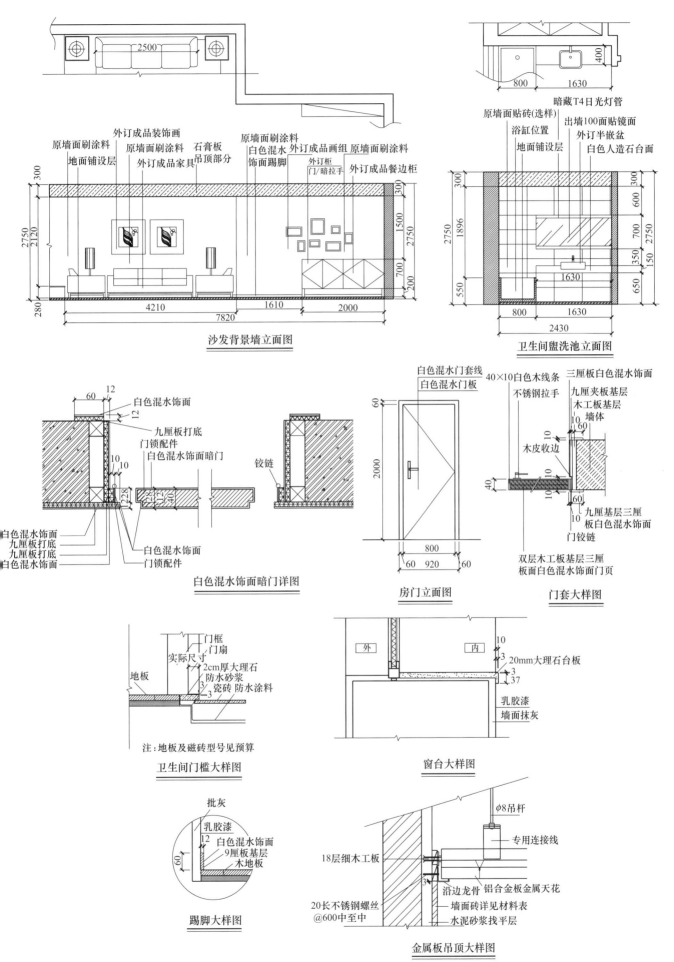

沙发背景墙立面图

卫生间盥洗池立面图

白色混水饰面暗门详图

房门立面图

门套大样图

卫生间门槛大样图

注:地板及磁砖型号见预算

窗台大样图

踢脚大样图

金属板吊顶大样图

方案 16：三室 100m²

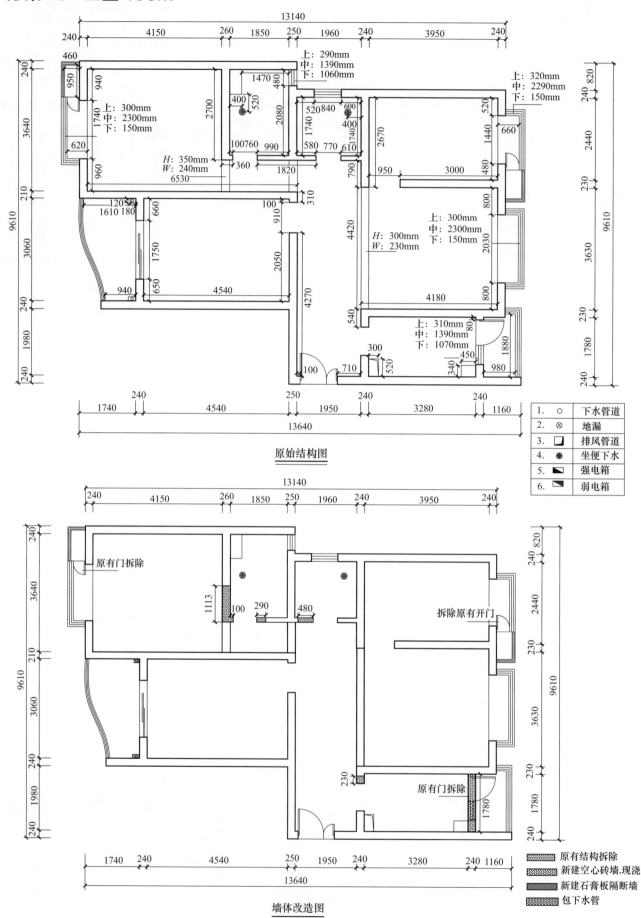

原始结构图

1. ○ 下水管道
2. ⊗ 地漏
3. ▢ 排风管道
4. ⊕ 坐便下水
5. ◣ 强电箱
6. ◥ 弱电箱

原有结构拆除
新建空心砖墙,现浇
新建石膏板隔断墙
包下水管

墙体改造图

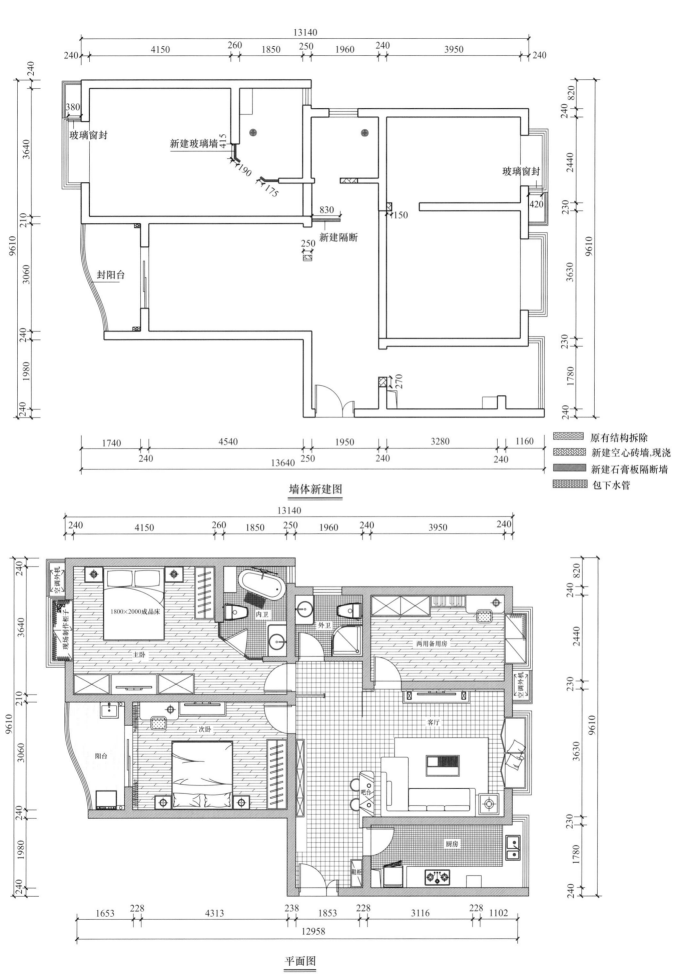

13140
240　4150　260　1850　250　1960　240　3950　240

240
3640
380
玻璃窗封
新建玻璃墙　415
△190
△175

830
△150

新建隔断
250

封阳台

9610
210
3060
240
1980
240

240　820
240
2440

玻璃窗封
420　230

9610
3630

230
1780
240

270

1740　4540　1950　3280　1160
240　250　240　240
13640

原有结构拆除
新建空心砖墙,现浇
新建石膏板隔断墙
包下水管

墙体新建图

13140
240　4150　260　1850　250　1960　240　3950　240

240
3640
空调外机
现场制作柜子

1800×2000成品床
主卧

内卫

外卫

两用备用房

240　820
240
2440

空调外机

9610
210
3060
240
1980
240

阳台

次卧

客厅

吧台

杂柜

厨房

230
1780
240

1653　228　4313　238　1853　228　3116　228　1102
12958

平面图

79

水路布置图

图例及说明：
1.	冷水龙头
2.	热水龙头
3.	冷水管
4.	热水管

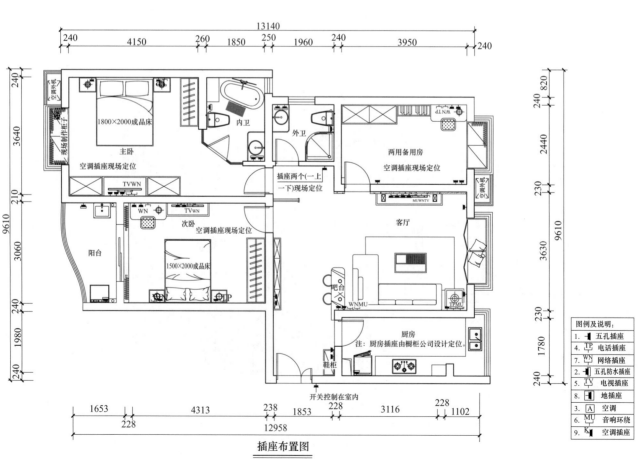

注：厨房插座由橱柜公司设计定位。

开关控制在室内

插座布置图

图例及说明：
1.	五孔插座
4. TP	电话插座
7. WN	网络插座
2.	五孔防水插座
5. TV	电视插座
8.	地插座
3. A	空调
6. MU	音响环绕
9. K	空调插座

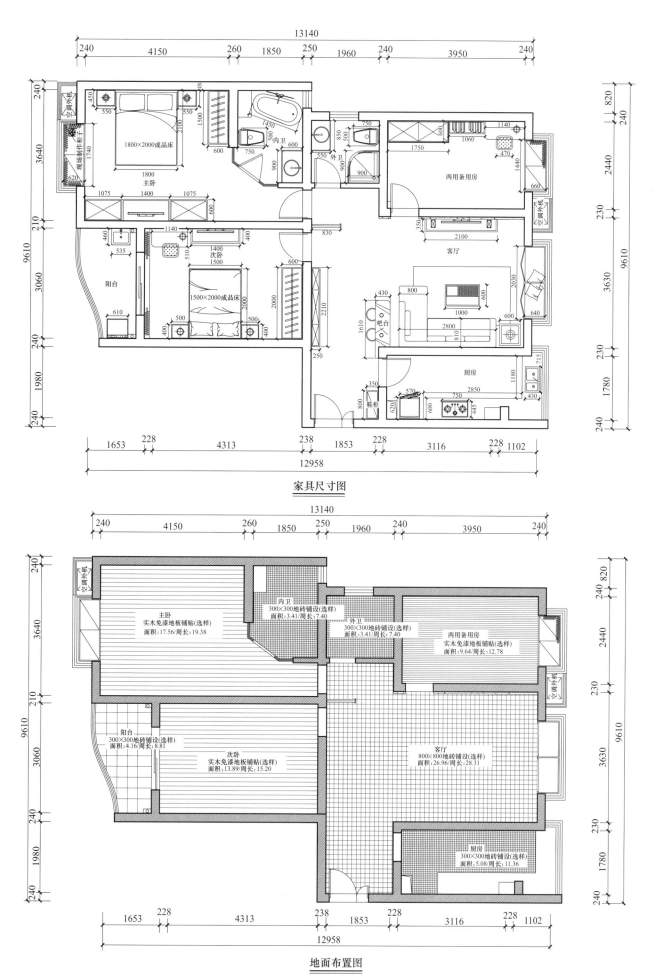

家具尺寸图

地面布置图

主卧
实木免漆地板铺贴(选样)
面积:17.56/周长:19.38

内卫
300×300地砖铺设(选样)
面积:3.41/周长:7.40

外卫
300×300地砖铺设(选样)
面积:3.41/周长:7.40

两用备用房
实木免漆地板铺贴(选样)
面积:9.64/周长:12.78

阳台
300×300地砖铺设(选样)
面积:4.16/周长:8.81

次卧
实木免漆地板铺贴(选样)
面积:13.89/周长:15.20

客厅
800×800地砖铺贴(选样)
面积:26.96/周长:28.31

厨房
300×300地砖铺设(选样)
面积:5.08/周长:11.36

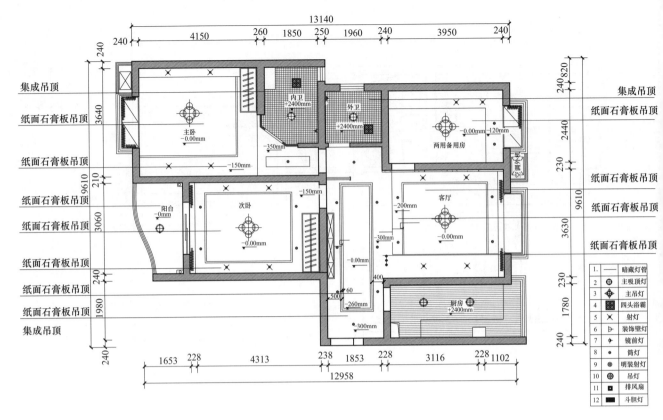

集成吊顶
纸面石膏板吊顶
纸面石膏板吊顶
纸面石膏板吊顶
纸面石膏板吊顶
纸面石膏板吊顶
纸面石膏板吊顶
纸面石膏板吊顶
集成吊顶

集成吊顶
纸面石膏板吊顶
纸面石膏板吊顶
纸面石膏板吊顶

1.	—	暗藏灯管
2.	⊕	主吸顶灯
3.	✦	主吊灯
4.	▦	四头浴霸
5.	✕	射灯
6.	▷	装饰壁灯
7.	✦	镜前灯
8.	•	筒灯
9.	◉	明装射灯
10.	⊕	吊灯
11.	■	排风扇
12.	▬	斗胆灯

顶面布置图

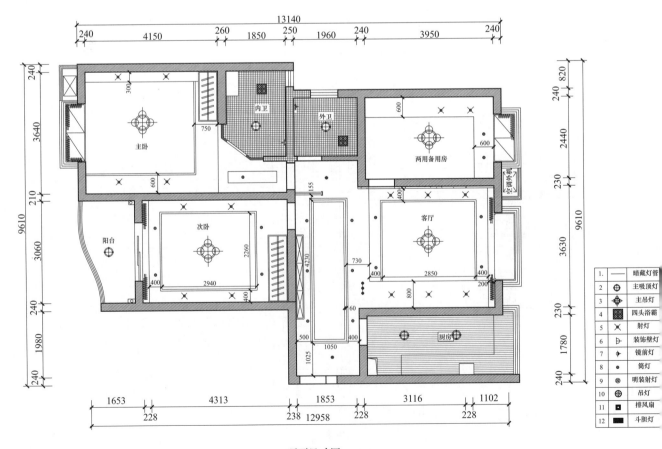

1.	—	暗藏灯管
2.	⊕	主吸顶灯
3.	✦	主吊灯
4.	▦	四头浴霸
5.	✕	射灯
6.	▷	装饰壁灯
7.	✦	镜前灯
8.	•	筒灯
9.	◉	明装射灯
10.	⊕	吊灯
11.	■	排风扇
12.	▬	斗胆灯

顶面尺寸图

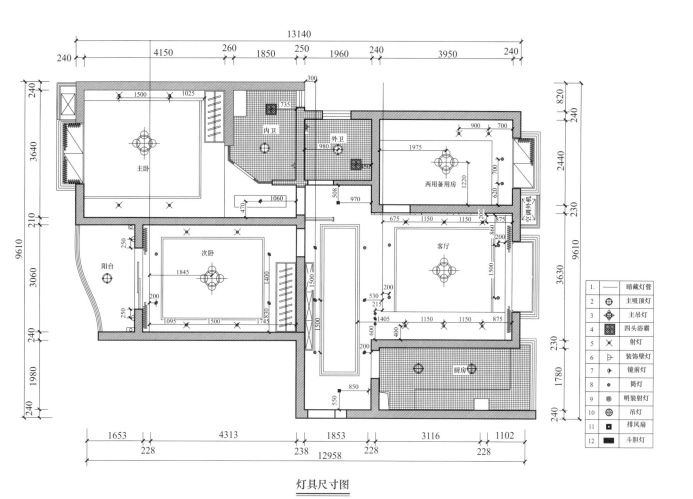

灯具尺寸图

1.	——	暗藏灯管
2	⊕	主吸顶灯
3	✲	主吊灯
4	▦	四头浴霸
5	✕	射灯
6	▷	装饰壁灯
7	✦	镜前灯
8	●	筒灯
9	◎	明装射灯
10	⊕	吊灯
11	▪	排风扇
12	▬	斗胆灯

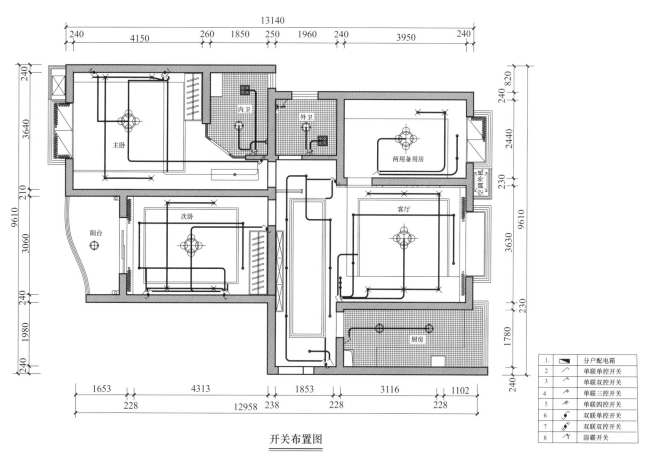

开关布置图

1.	◣	分户配电箱
2	⸜	单联单控开关
3	⸝	单联双控开关
4	⸍	单联三控开关
5	⸎	单联四控开关
6	⸏	双联单控开关
7	⸐	双联双控开关
8	⸑	浴霸开关

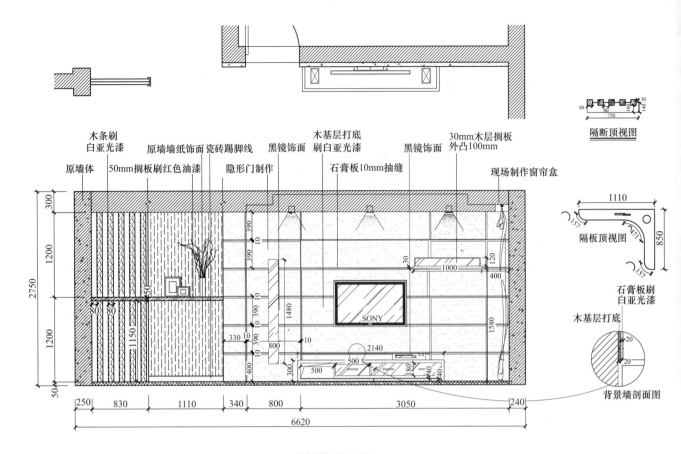

木条刷
白亚光漆

原墙墙纸饰面 瓷砖踢脚线

木基层打底
刷白亚光漆

30mm木层搁板
外凸100mm

原墙体 50mm搁板刷红色油漆 隐形门制作 黑镜饰面 石膏板10mm抽缝 黑镜饰面 现场制作窗帘盒

隔断顶视图

隔板顶视图

石膏板刷
白亚光漆

木基层打底

背景墙剖面图

电视背景立面图

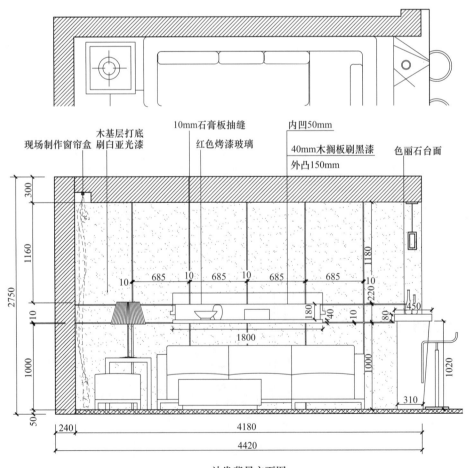

现场制作窗帘盒

木基层打底
刷白亚光漆

10mm石膏板抽缝

红色烤漆玻璃

内凹50mm

40mm木搁板刷黑漆
外凸150mm

色丽石台面

沙发背景立面图

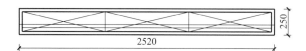

2520

250

木层板刷黑漆
银镜饰面 外凸180mm

门板刷白亚
光漆外凸250mm

艺术玻璃

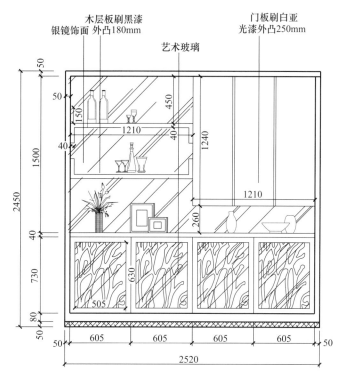

50

50

450

150

1210

40

1240

40

1500

260

1210

2450

40

730

630

505

605 605 605 605

50 50

2520

80

50

过道装饰柜/书房书柜立面图

660

1440

大理石窗台板 封板刷黑漆

30
40

20

650

420

123 123 123

500

20

150

1440

50

备用房飘窗柜体立面图

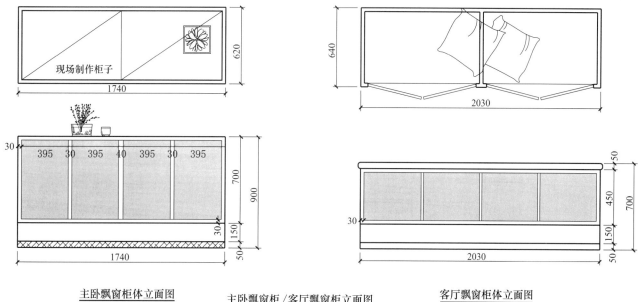

620

现场制作柜子

1740

640

2030

30

395 30 395 40 395 30 395

700

900

30

150

1740

50

50

450

700

30

150

2030

50

主卧飘窗柜体立面图

主卧飘窗柜/客厅飘窗柜立面图

客厅飘窗柜体立面图

方案 17: 三室 115m²

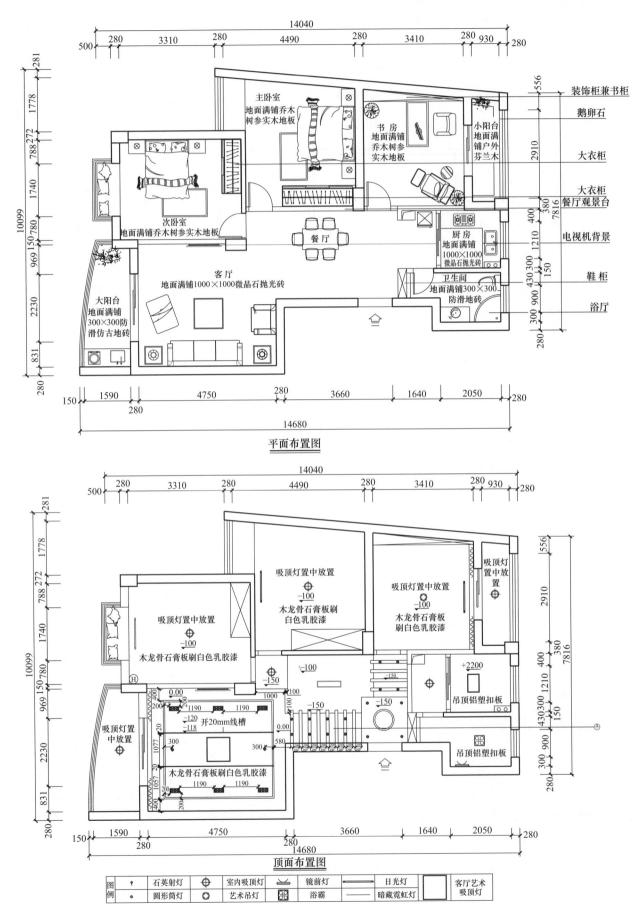

平面布置图

主卧室
地面满铺乔木
树参实木地板

书房
地面满铺
乔木树参
实木地板

小阳台
地面满
铺户外
芬兰木

次卧室
地面满铺乔木树参实木地板

餐厅

厨房
地面满铺
1000×1000
微晶石抛光砖

客厅
地面满铺1000×1000微晶石抛光砖

卫生间
地面满铺300×300
防滑地砖

大阳台
地面满铺
300×300防
滑仿古地砖

装饰柜兼书柜
鹅卵石
大衣柜
大衣柜
餐厅观景台
电视机背景
鞋柜
浴厅

顶面布置图

吸顶灯置中放置
木龙骨石膏板刷
白色乳胶漆

吸顶灯置中放置
木龙骨石膏板刷
白色乳胶漆

吸顶灯置中放置
木龙骨石膏板刷
白色乳胶漆

吸顶灯
置中放
置

吸顶灯置
中放置
木龙骨石膏板刷白色乳胶漆

吊顶铝塑扣板

吊顶铝塑扣板

开20mm线槽

图例	石英射灯	室内吸顶灯	镜前灯	日光灯	客厅艺术吸顶灯
	圆形筒灯	艺术吊灯	浴霸	暗藏霓虹灯	

86

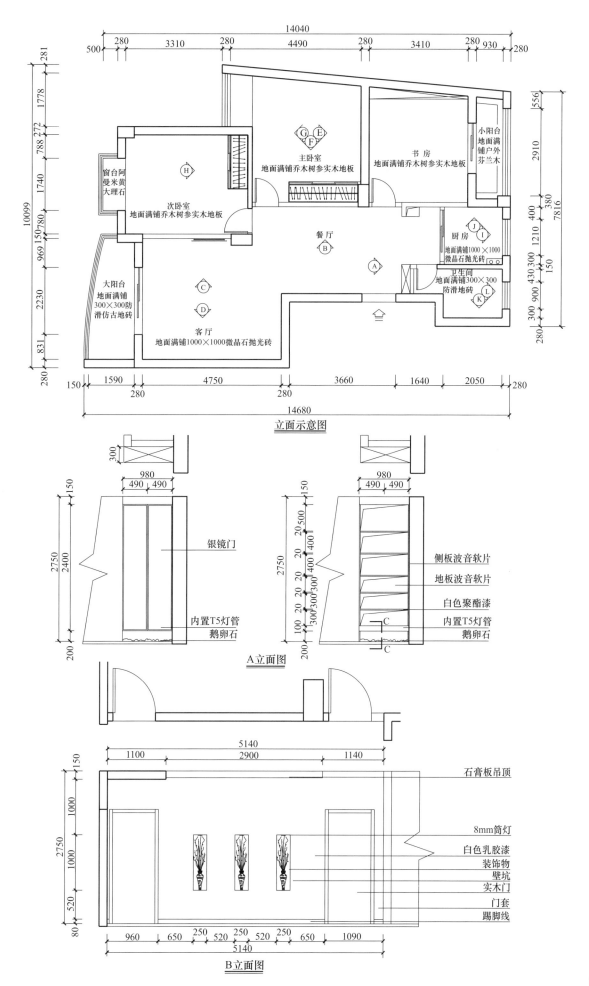

立面示意图

A立面图

B立面图

87

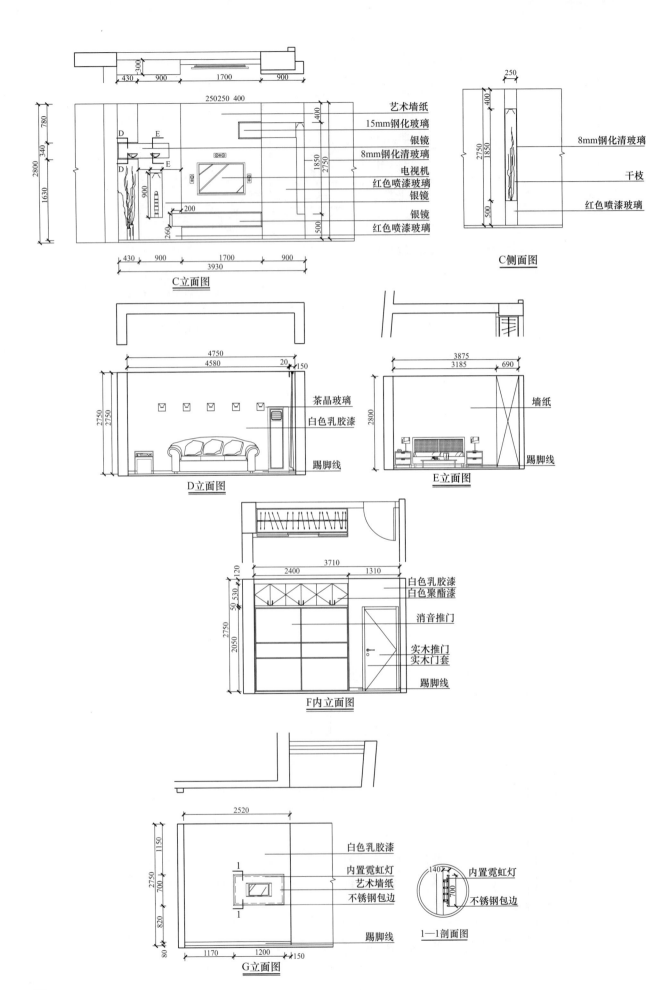

艺术墙纸
15mm钢化玻璃
银镜
8mm钢化清玻璃
电视机
红色喷漆玻璃
银镜

银镜
红色喷漆玻璃

C立面图

8mm钢化清玻璃

干枝

红色喷漆玻璃

C侧面图

茶晶玻璃
白色乳胶漆

踢脚线

D立面图

墙纸

踢脚线

E立面图

白色乳胶漆
白色聚酯漆

消音推门

实木推门
实木门套

踢脚线

F内立面图

白色乳胶漆

内置霓虹灯
艺术墙纸
不锈钢包边

踢脚线

G立面图

内置霓虹灯

不锈钢包边

1—1剖面图

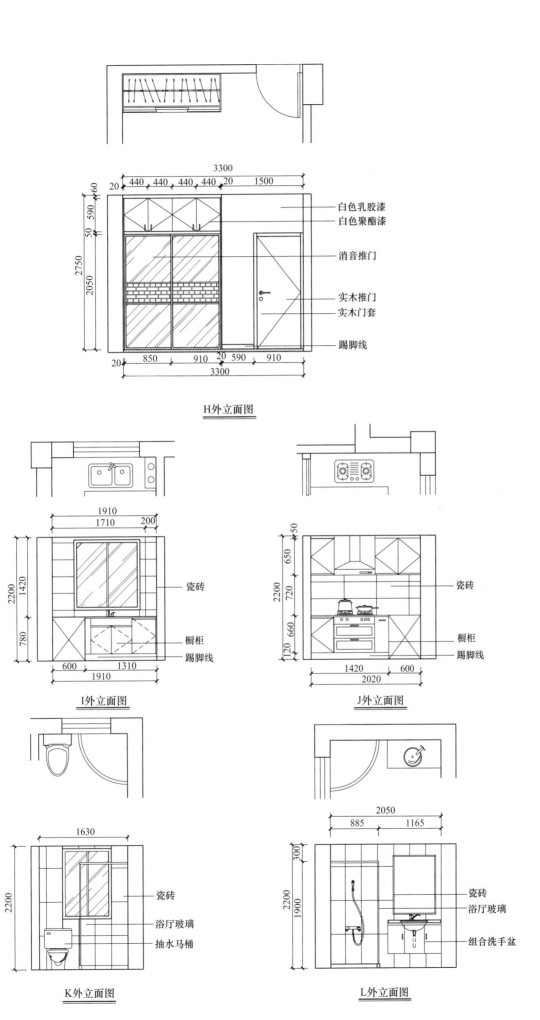

H外立面图

白色乳胶漆
白色聚酯漆

消音推门

实木推门
实木门套

踢脚线

I外立面图

瓷砖

橱柜
踢脚线

J外立面图

瓷砖

橱柜
踢脚线

K外立面图

瓷砖

浴厅玻璃

抽水马桶

L外立面图

瓷砖

浴厅玻璃

组合洗手盆

方案 18: 三室 118m²

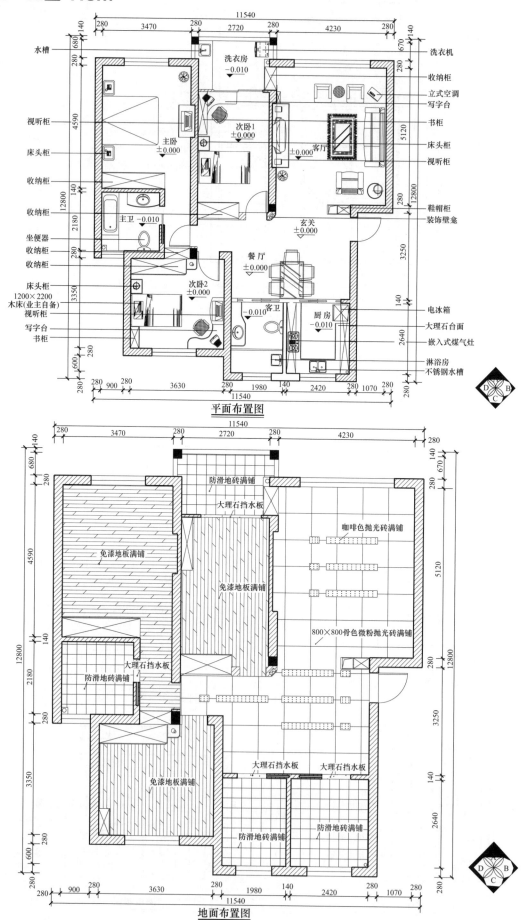

水槽

洗衣房
−0.010

洗衣机
收纳柜
立式空调
写字台
书柜

视听柜

床头柜

次卧1
±0.000

主卧
±0.000

客厅
±0.000

床头柜
视听柜

收纳柜

收纳柜

主卫 −0.010

玄关
±0.000

鞋帽柜
装饰壁龛

坐便器
收纳柜
收纳柜

餐厅
±0.000

床头柜
1200×2200
木床(业主自备)
视听柜
写字台
书柜

次卧2
±0.000

客卫
−0.010

厨房
−0.010

电冰箱
大理石台面
嵌入式煤气灶

淋浴房
不锈钢水槽

平面布置图

防滑地砖满铺
大理石挡水板

咖啡色抛光砖满铺

免漆地板满铺

免漆地板满铺

大理石挡水板
防滑地砖满铺

800×800骨色微粉抛光砖满铺

免漆地板满铺

大理石挡水板
大理石挡水板

防滑地砖满铺

防滑地砖满铺

地面布置图

90

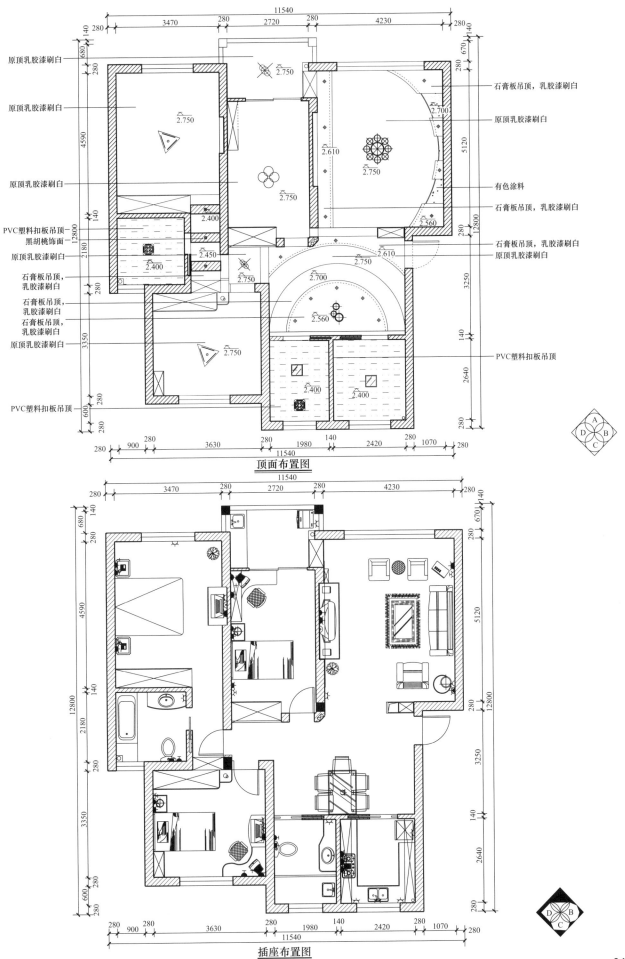

原顶乳胶漆刷白

原顶乳胶漆刷白

原顶乳胶漆刷白

PVC塑料扣板吊顶
黑胡桃饰面
原顶乳胶漆刷白

石膏板吊顶，
乳胶漆刷白
石膏板吊顶，
乳胶漆刷白
石膏板吊顶，
乳胶漆刷白
原顶乳胶漆刷白

PVC塑料扣板吊顶

石膏板吊顶，乳胶漆刷白

原顶乳胶漆刷白

有色涂料

石膏板吊顶，乳胶漆刷白

石膏板吊顶，乳胶漆刷白

原顶乳胶漆刷白

PVC塑料扣板吊顶

顶面布置图

插座布置图

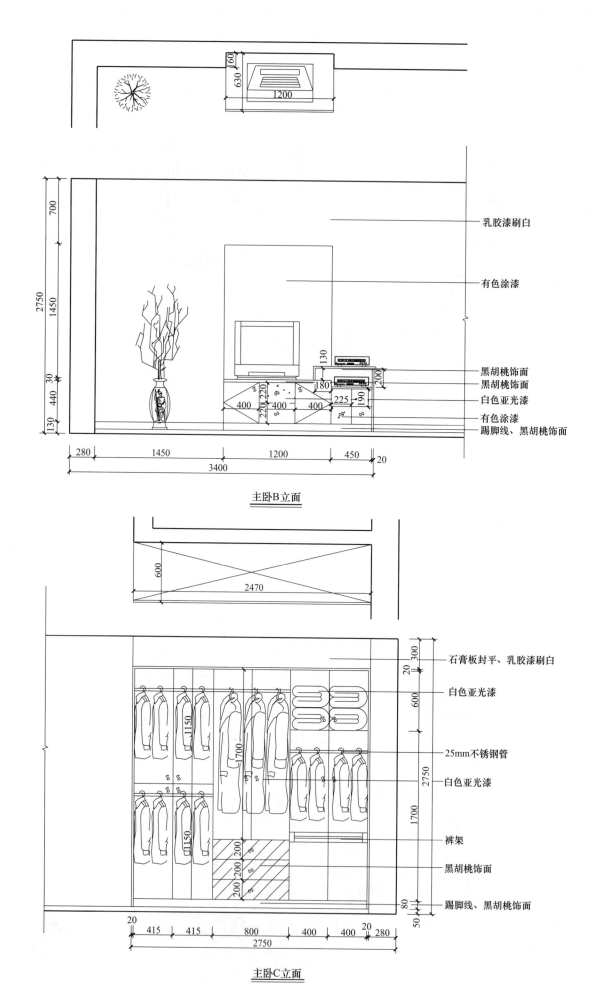

乳胶漆刷白

有色涂漆

黑胡桃饰面
黑胡桃饰面
白色亚光漆
有色涂漆
踢脚线、黑胡桃饰面

主卧B立面

石膏板封平、乳胶漆刷白

白色亚光漆

25mm不锈钢管

白色亚光漆

裤架

黑胡桃饰面

踢脚线、黑胡桃饰面

主卧C立面

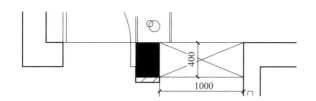

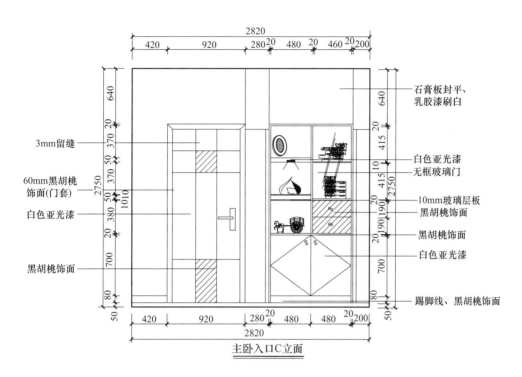

石膏板封平、乳胶漆刷白

3mm留缝

60mm黑胡桃饰面(门套)

白色亚光漆

黑胡桃饰面

白色亚光漆
无框玻璃门

10mm玻璃层板
黑胡桃饰面

黑胡桃饰面

白色亚光漆

踢脚线、黑胡桃饰面

主卧入口C立面

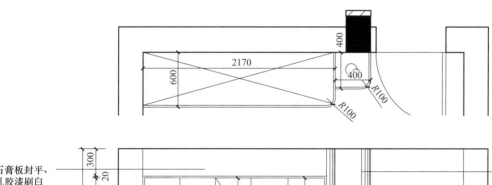

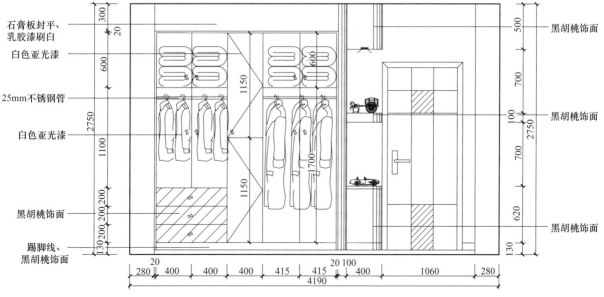

石膏板封平、乳胶漆刷白

白色亚光漆

25mm不锈钢管

白色亚光漆

黑胡桃饰面

踢脚线、黑胡桃饰面

黑胡桃饰面

黑胡桃饰面

黑胡桃饰面

次卧1A立面

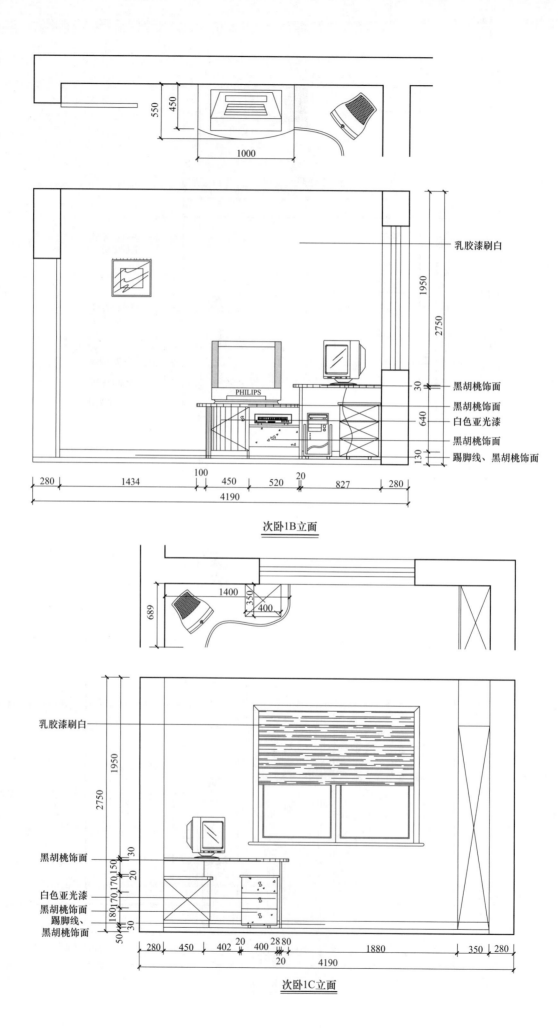

乳胶漆刷白

黑胡桃饰面
黑胡桃饰面
白色亚光漆
黑胡桃饰面
踢脚线、黑胡桃饰面

次卧1B立面

乳胶漆刷白

黑胡桃饰面

白色亚光漆
黑胡桃饰面
踢脚线、
黑胡桃饰面

次卧1C立面

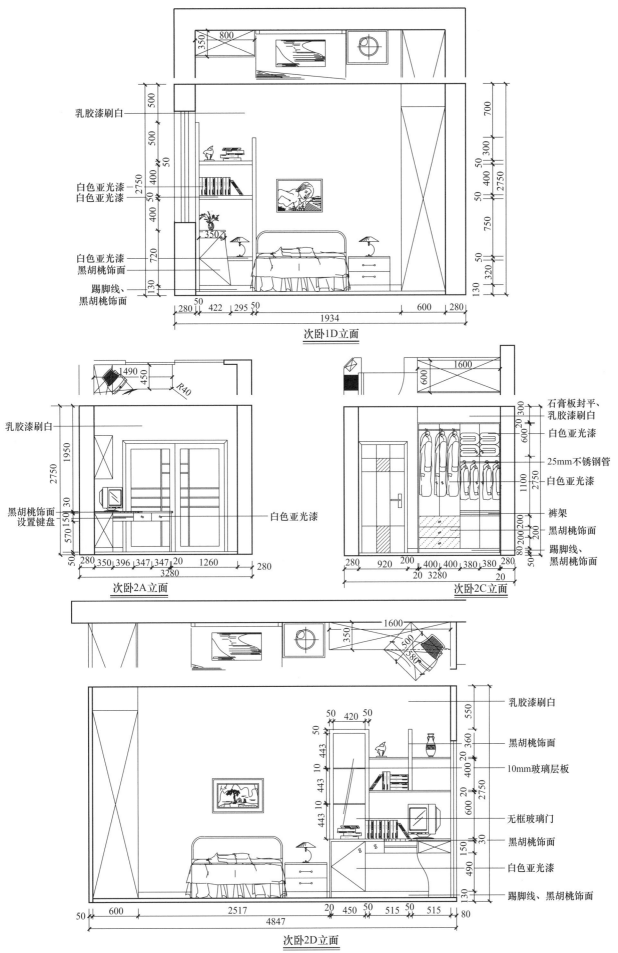

乳胶漆刷白

白色亚光漆
白色亚光漆

白色亚光漆
黑胡桃饰面

踢脚线、
黑胡桃饰面

次卧1D立面

乳胶漆刷白

黑胡桃饰面
设置键盘

白色亚光漆

次卧2A立面

石膏板封平、
乳胶漆刷白

白色亚光漆

25mm不锈钢管

白色亚光漆

裤架

黑胡桃饰面

踢脚线、
黑胡桃饰面

次卧2C立面

乳胶漆刷白

黑胡桃饰面

10mm玻璃层板

无框玻璃门

黑胡桃饰面

白色亚光漆

踢脚线、黑胡桃饰面

次卧2D立面

95

方案 19：三室 120m²

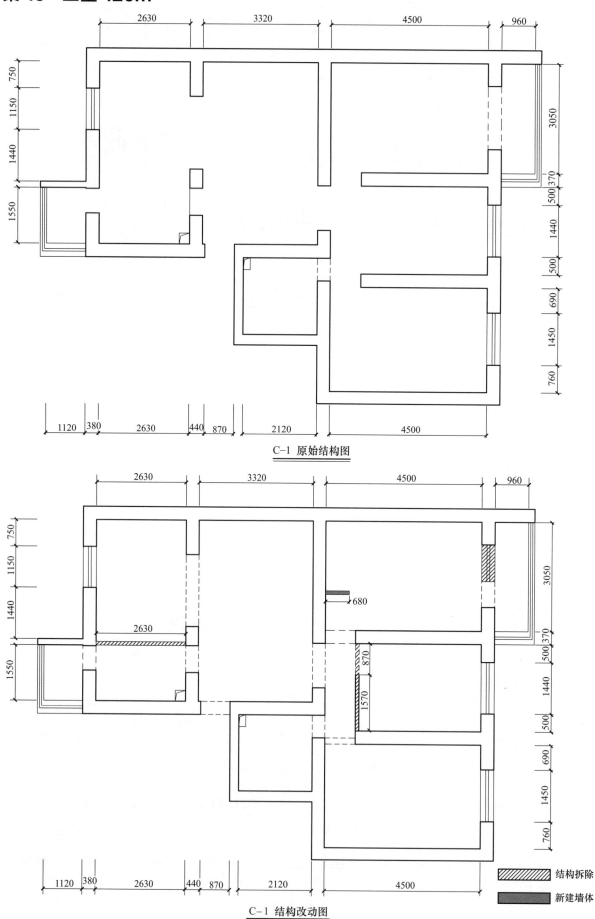

C-1 原始结构图

C-1 结构改动图

结构拆除

新建墙体

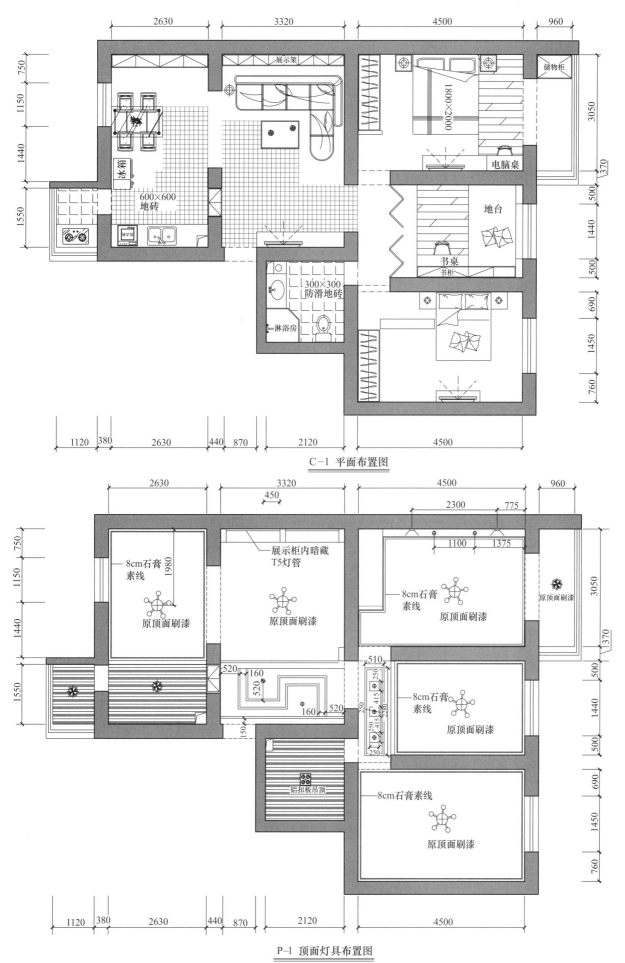

C-1 平面布置图

（图中标注）

展示架
1800×2000
储物柜
电脑桌
冰箱
600×600 地砖
地台
书桌
书柜
300×300 防滑地砖
淋浴房

尺寸标注：2630　3320　4500　960
750　1150　1440　1550
3050　370　500　1440　500　690　1450　760
1120　380　2630　440　870　2120　4500

P-1 顶面灯具布置图

（图中标注）

8cm石膏素线
原顶面刷漆
1980
展示柜内暗藏T5灯管
8cm石膏素线
原顶面刷漆
2300　775　1100　1375
原顶面刷漆
8cm石膏素线
原顶面刷漆
520　160　520　160　520　150
510　250　250　415　415　2280　250　250
8cm石膏素线
原顶面刷漆
铝扣板吊顶
8cm石膏素线
原顶面刷漆

尺寸标注：2630　3320　450　4500　960
750　1150　1440　1550
3050　370　500　1440　500　690　1450　760
1120　380　2630　440　870　2120　4500

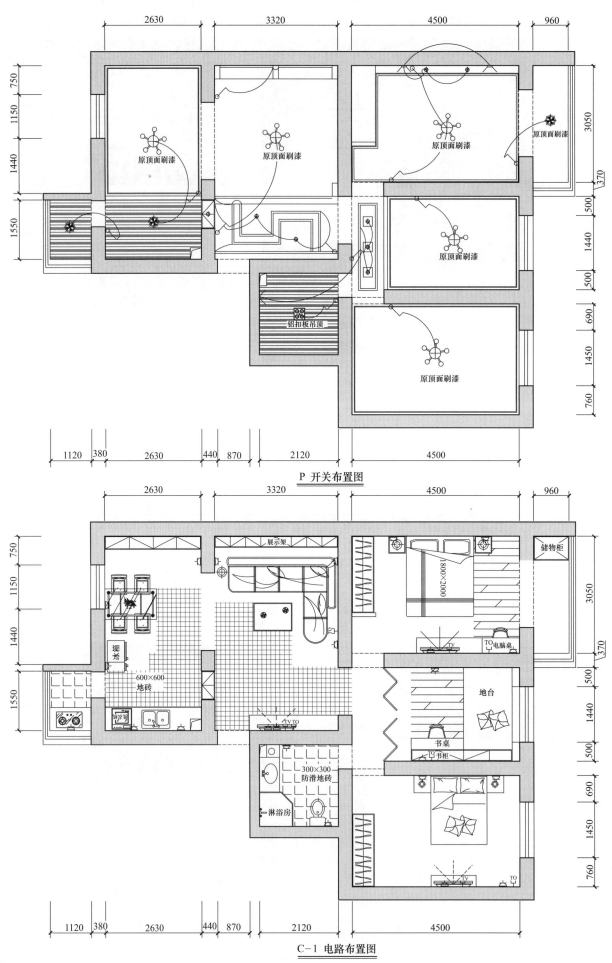

P 开关布置图

C-1 电路布置图

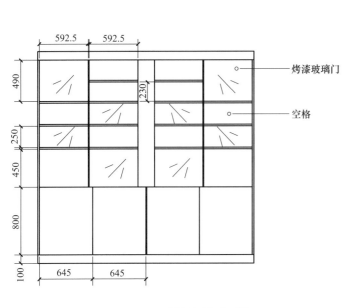

烤漆玻璃门

空格

客厅展示架立面图

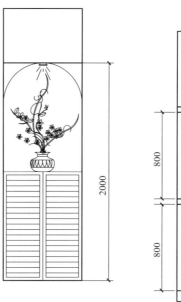

鞋柜立面图

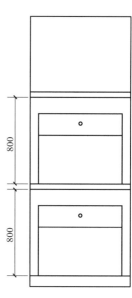

储物柜图

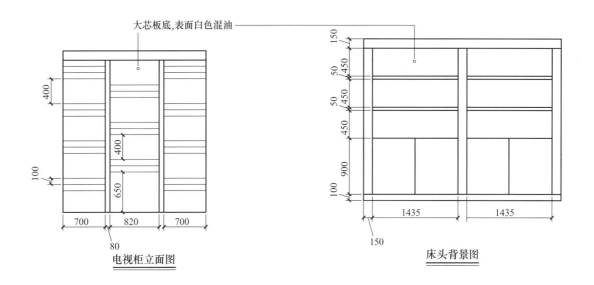

大芯板底,表面白色混油

电视柜立面图

床头背景图

书桌书柜立面图

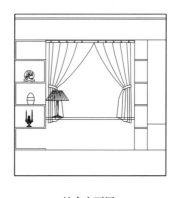

地台立面图

方案 20：三室 120m²

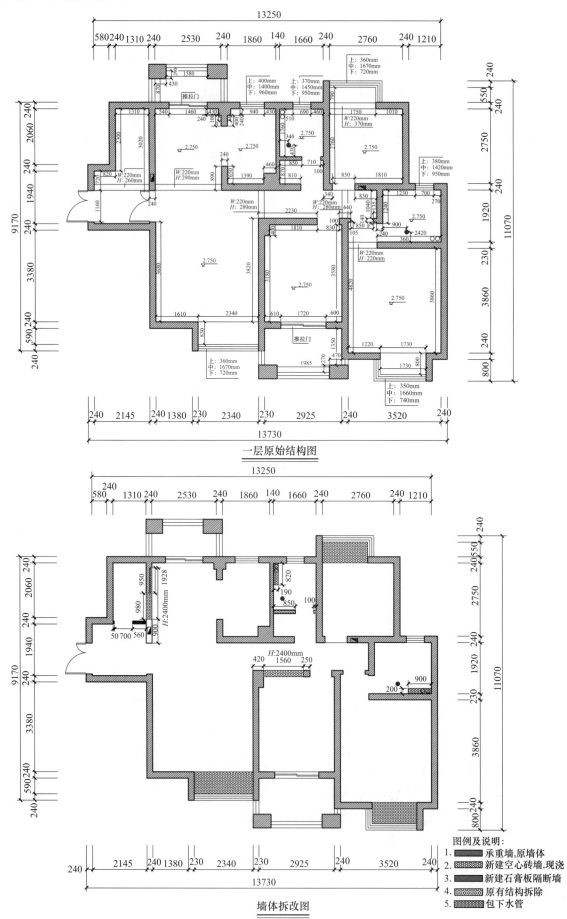

一层原始结构图

墙体拆改图

图例及说明：
1. 承重墙,原墙体
2. 新建空心砖墙,现浇
3. 新建石膏板隔断墙
4. 原有结构拆除
5. 包下水管

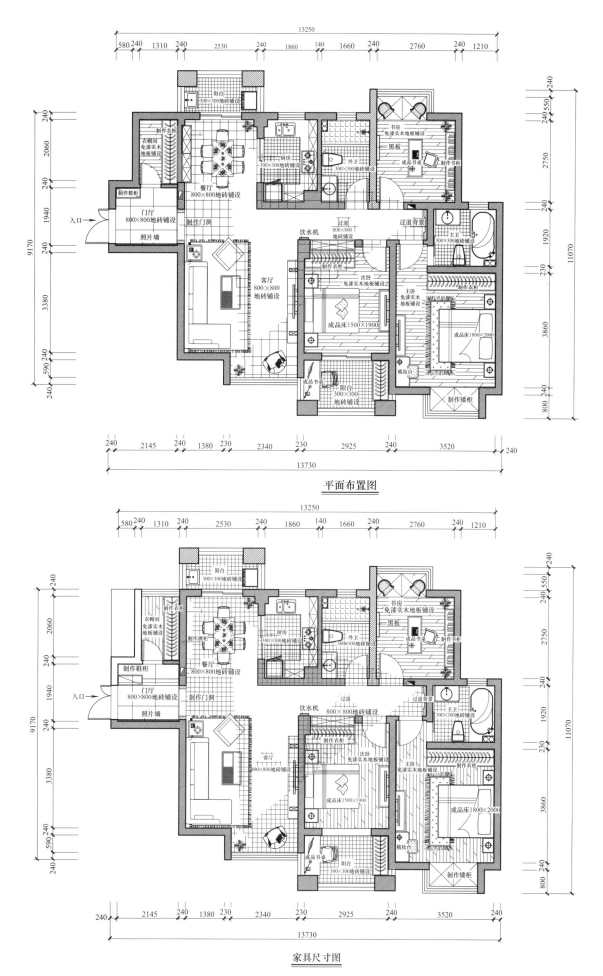

平面布置图

家具尺寸图

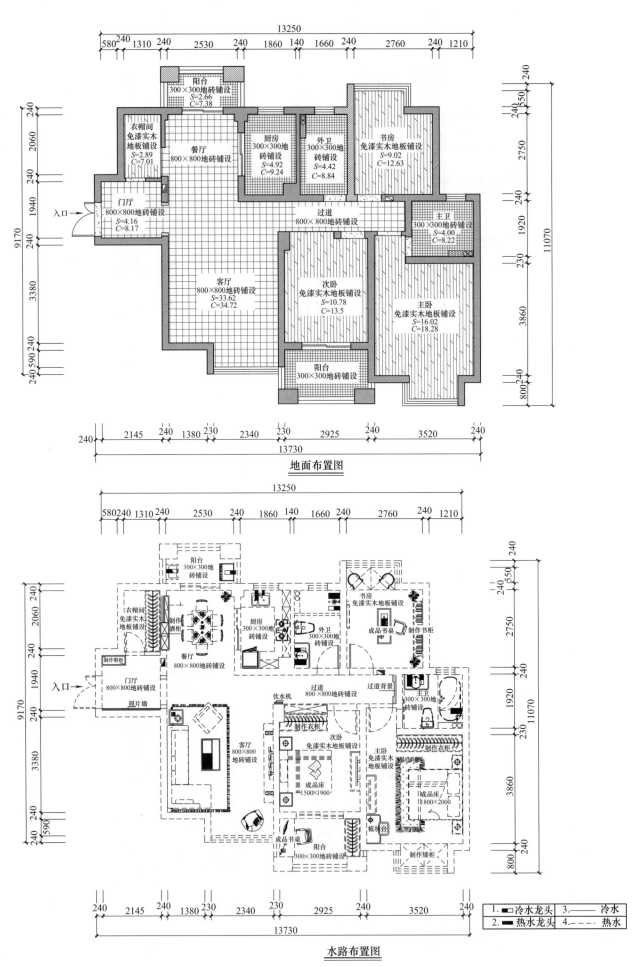

地面布置图

水路布置图

| 1. □冷水龙头 | 3. —— 冷水 |
| 2. ■热水龙头 | 4. ---- 热水 |

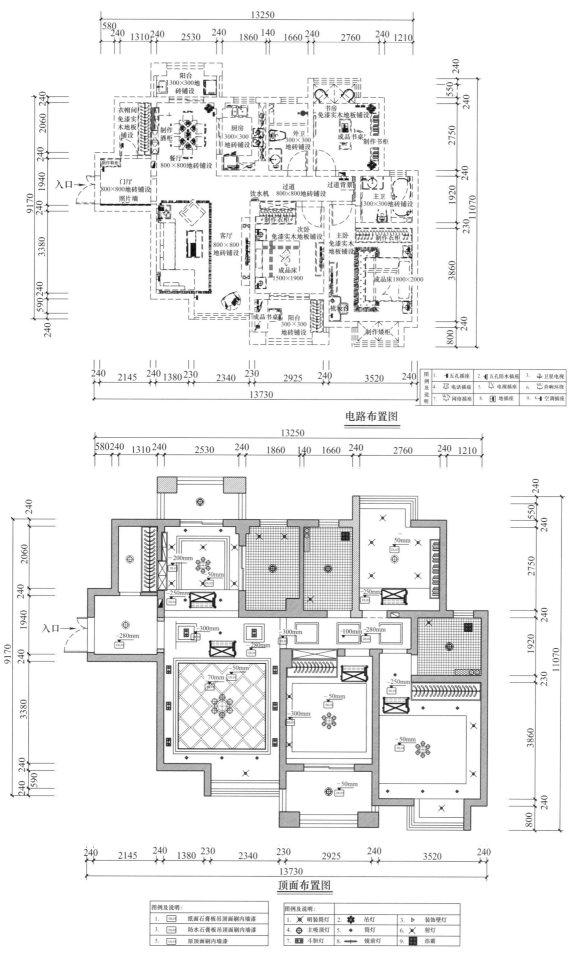

电路布置图

图例及说明	1. 五孔插座	2. 五孔防水插座	3. 卫星电视
	4. 电话插座	5. 电视插座	6. MU 音响环绕
	7. WN 网络插座	8. 地插座	9. K 空调插座

顶面布置图

图例及说明:		图例及说明:		
1. 纸面石膏板吊顶面刷内墙漆		1. 明装筒灯	2. 吊灯	3. 装饰壁灯
3. 防水石膏板吊顶面刷内墙漆		4. 主吸顶灯	5. 筒灯	6. 射灯
5. 原顶面刷内墙漆		7. 斗胆灯	8. 镜前灯	9. 浴霸

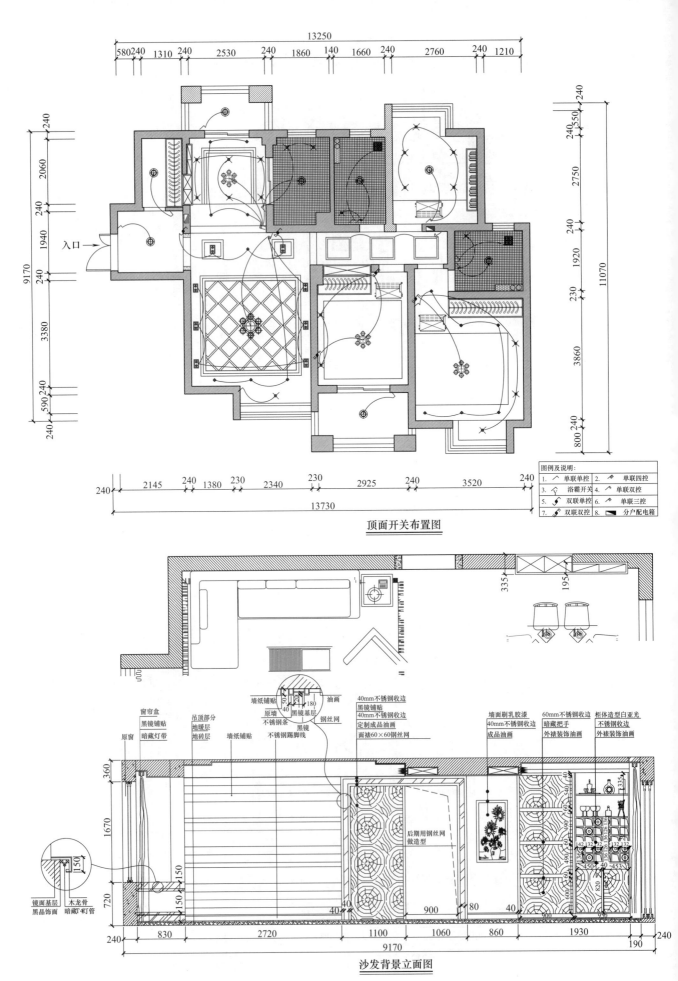

顶面开关布置图

图例及说明：
1. 单联单控 2. 单联四控
3. 浴霸开关 4. 单联双控
5. 双联单控 6. 单联三控
7. 双联双控 8. 分户配电箱

沙发背景立面图

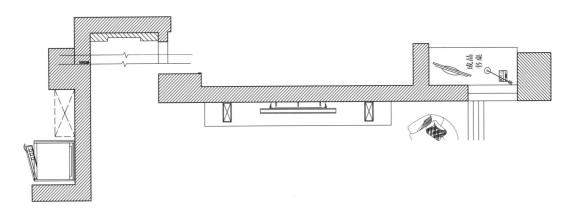

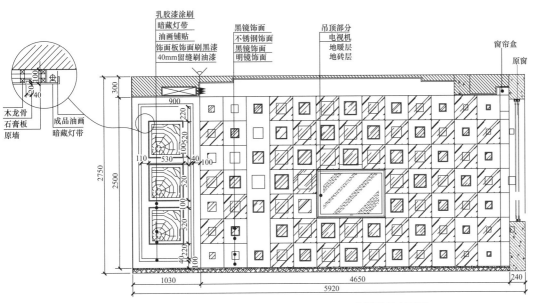

乳胶漆涂刷
暗藏灯带
油画铺贴
饰面板饰面刷黑漆
40mm留缝刷油漆

黑镜饰面
不锈钢饰面
黑镜饰面
明镜饰面

吊顶部分
电视机
地暖层
地砖层

窗帘盒
原窗

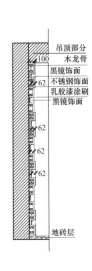

吊顶部分
木龙骨
黑镜饰面
不锈钢饰面
乳胶漆涂刷
黑镜饰面

木龙骨
石膏板
原墙
成品油画
暗藏灯带

地砖层

电视背景立面图

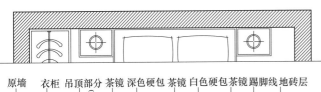

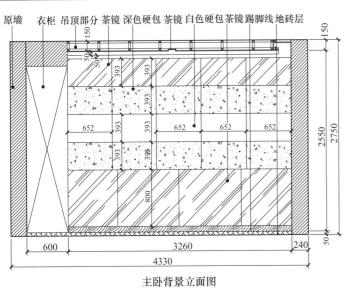

原墙　衣柜　吊顶部分　茶镜　深色硬包　茶镜　白色硬包　茶镜　踢脚线　地砖层

主卧背景立面图

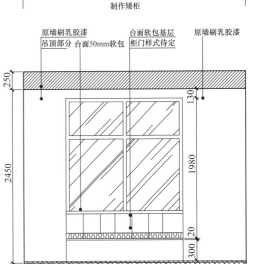

制作矮柜

原墙刷乳胶漆
吊顶部分　台面50mm软包

台面软包基层
柜门样式待定

原墙刷乳胶漆

主卧飘窗立面图

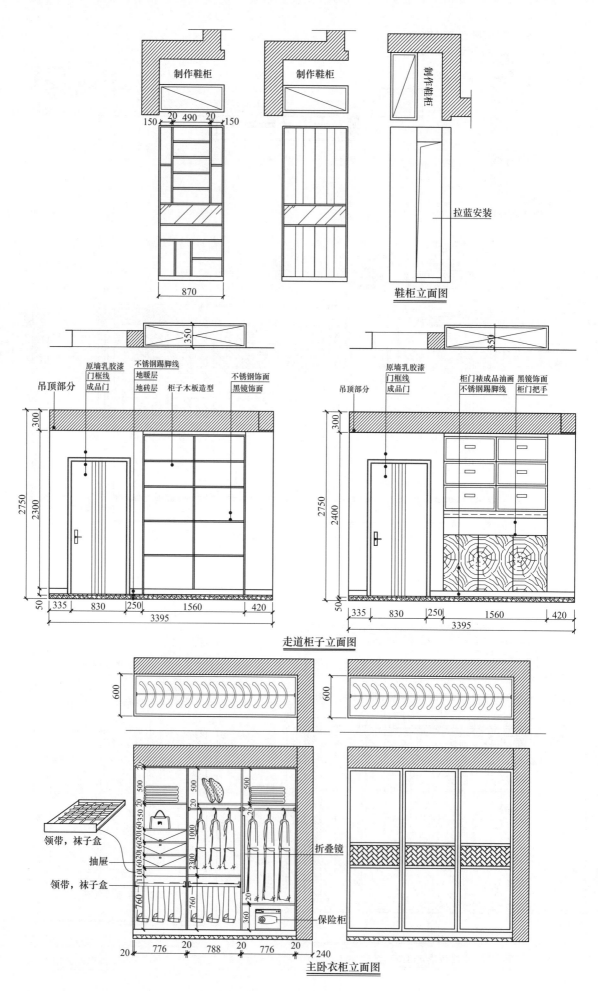

制作鞋柜　　制作鞋柜　　制作鞋柜

150 | 20 | 490 | 20 | 150

拉蓝安装

870

鞋柜立面图

350

吊顶部分　原墙乳胶漆　不锈钢踢脚线　　　　　　　不锈钢饰面
　　　　　门框线　地暖层　　　　　　　　　黑镜饰面
　　　　　成品门　地砖层　柜子木板造型

吊顶部分　原墙乳胶漆　　　柜门裱成品油画　黑镜饰面
　　　　　门框线　　　　　不锈钢踢脚线　　柜门把手
　　　　　成品门

300
2750
2300
50

335 | 830 | 250 | 1560 | 420
3395

300
2750
2400
50

335 | 830 | 250 | 1560 | 420
3395

走道柜子立面图

600

600

领带，袜子盒

抽屉

领带，袜子盒

折叠镜

保险柜

20 | 776 | 20 | 788 | 20 | 776 | 20 | 240

主卧衣柜立面图

106

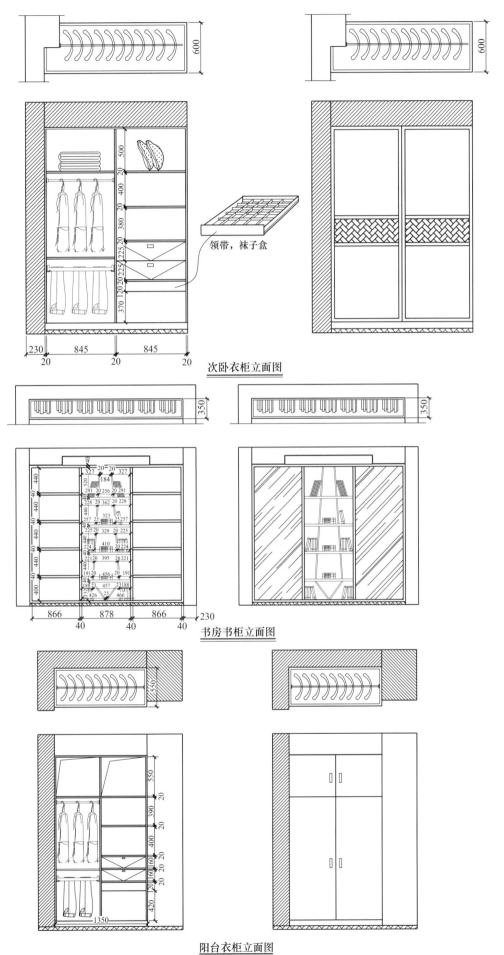

领带, 袜子盒

次卧衣柜立面图

书房书柜立面图

阳台衣柜立面图

方案 21: 三室 120m²

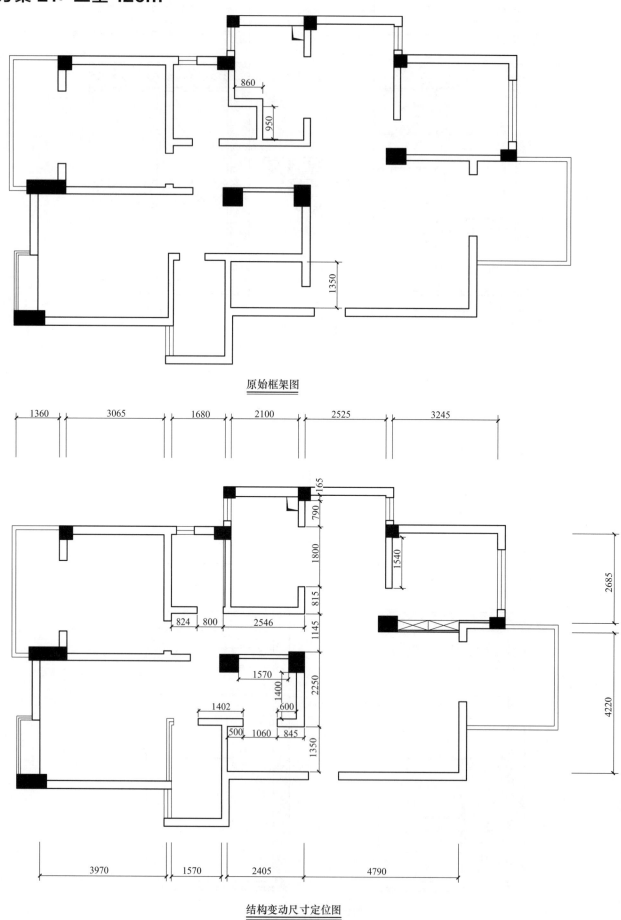

原始框架图

结构变动尺寸定位图

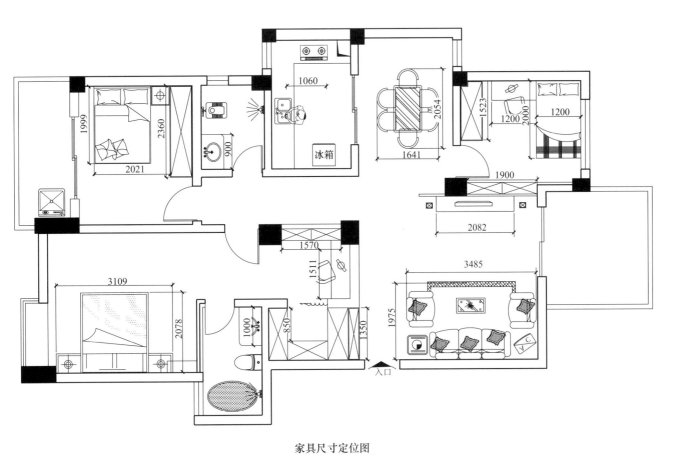

家具尺寸定位图

厨房
(300×300
地砖满铺)

卫生间
(300×300
地砖满铺)

冰箱

儿童房
(复合地板满铺)

阳台
(300×300地
砖满铺)

次卧室
(复合地板满铺)

主卧室
(复合地板满铺)

1730

1060

客厅，餐厅，过道
(复合地板满铺)

1900

阳台
(300×300地砖满铺)

1886

卫生间
(300×300
地砖满铺)

入口

平面设计图

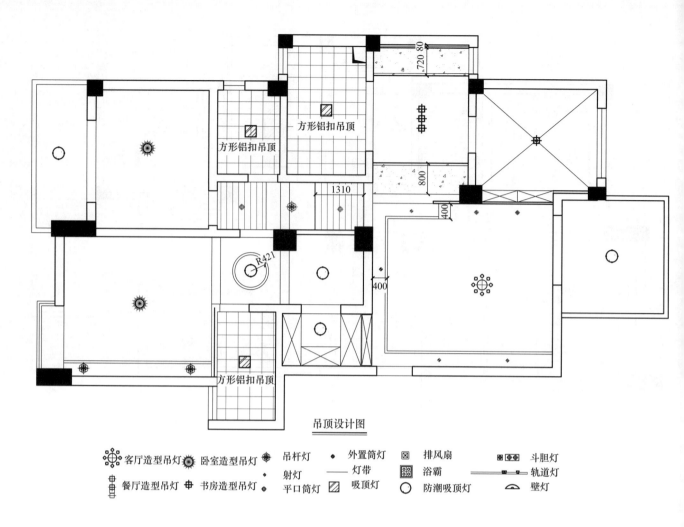

720 80

方形铝扣吊顶

方形铝扣吊顶

1310

800

400

R421

400

方形铝扣吊顶

吊顶设计图

客厅造型吊灯 卧室造型吊灯 吊杆灯 外置筒灯 排风扇 斗胆灯

餐厅造型吊灯 书房造型吊灯 射灯 灯带 浴霸 轨道灯

平口筒灯 吸顶灯 防潮吸顶灯 壁灯

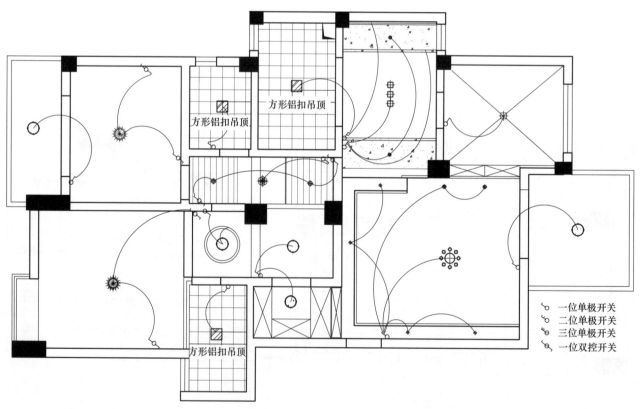

方形铝扣吊顶

方形铝扣吊顶

方形铝扣吊顶

一位单极开关
二位单极开关
三位单极开关
一位双控开关

开关控制图

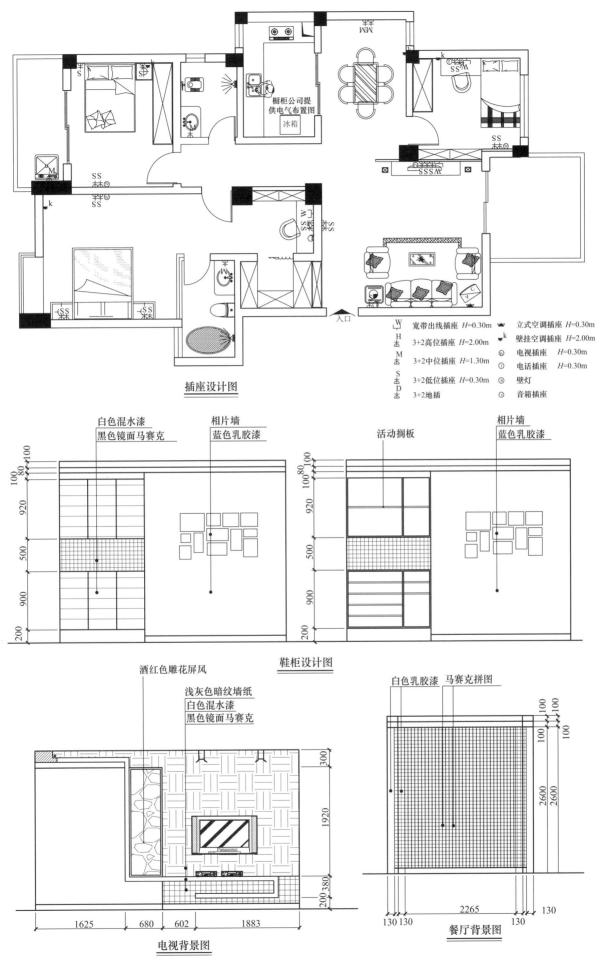

橱柜公司提供电气布置图

冰箱

入口

W 宽带出线插座 *H*=0.30m		立式空调插座 *H*=0.30m
H 3+2高位插座 *H*=2.00m		k 壁挂空调插座 *H*=2.00m
M 3+2中位插座 *H*=1.30m		电视插座 *H*=0.30m
S 3+2低位插座 *H*=0.30m		电话插座 *H*=0.30m
D 3+2地插		壁灯
		音箱插座

插座设计图

白色混水漆
黑色镜面马赛克

相片墙
蓝色乳胶漆

100
80
920
500
900
200

活动搁板

相片墙
蓝色乳胶漆

100
80
920
500
900
200

鞋柜设计图

酒红色雕花屏风

浅灰色暗纹墙纸
白色混水漆
黑色镜面马赛克

Panasonic

300
1920
200 380

1625   680   602   1883

电视背景图

白色乳胶漆   马赛克拼图

100 100
100

2600
2600

130 130   2265   130   130

餐厅背景图

111

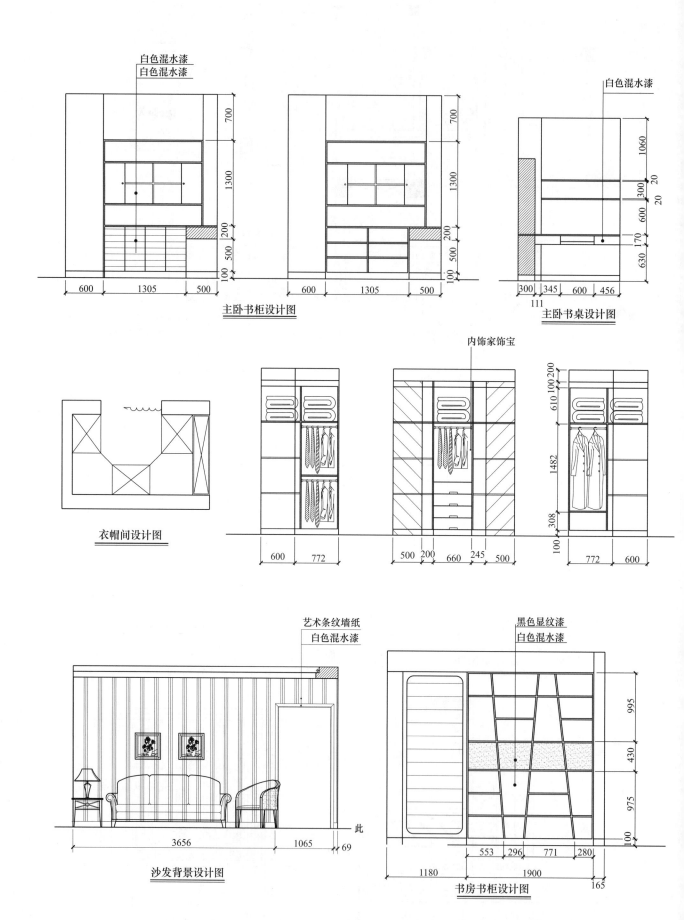

白色混水漆
白色混水漆

主卧书柜设计图

白色混水漆

主卧书桌设计图

内饰家饰宝

衣帽间设计图

艺术条纹墙纸
白色混水漆

黑色显纹漆
白色混水漆

沙发背景设计图

书房书柜设计图

方案 22: 三室 121m²

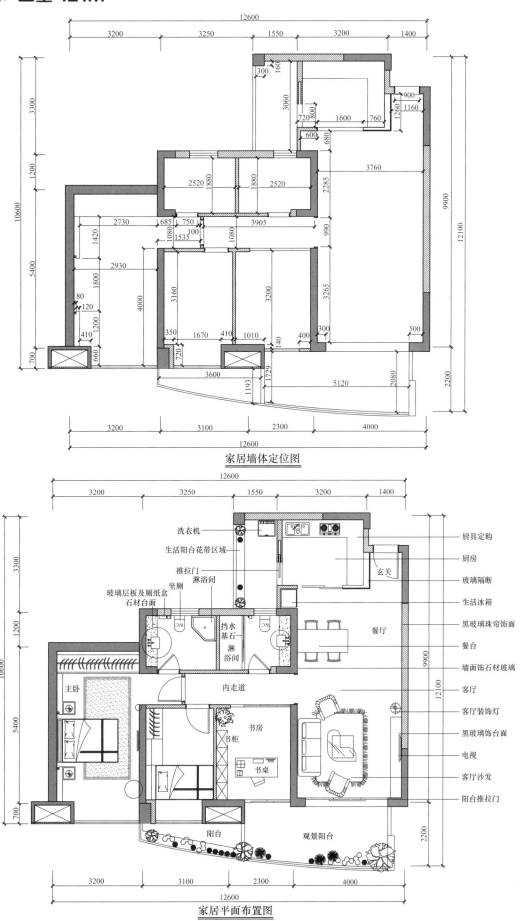

家居墙体定位图

洗衣机
生活阳台花带区域
推拉门
淋浴间
坐厕
玻璃层板及厕纸盒
石材台面
挡水
基石
淋浴
间
内走道

主卧

书房
书柜
书桌

厨具定购
厨房
玻璃隔断
生活冰箱
黑玻璃珠帘饰面
餐台
墙面饰石材玻璃
客厅
客厅装饰灯
黑玻璃饰台面
电视
客厅沙发
阳台推拉门

玄关
餐厅

阳台
观景阳台

家居平面布置图

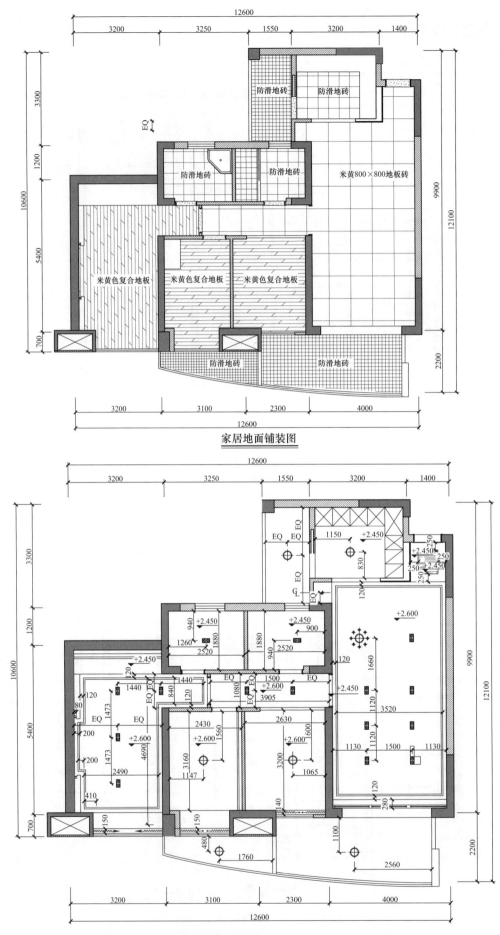

家居地面铺装图

家居顶面布置图

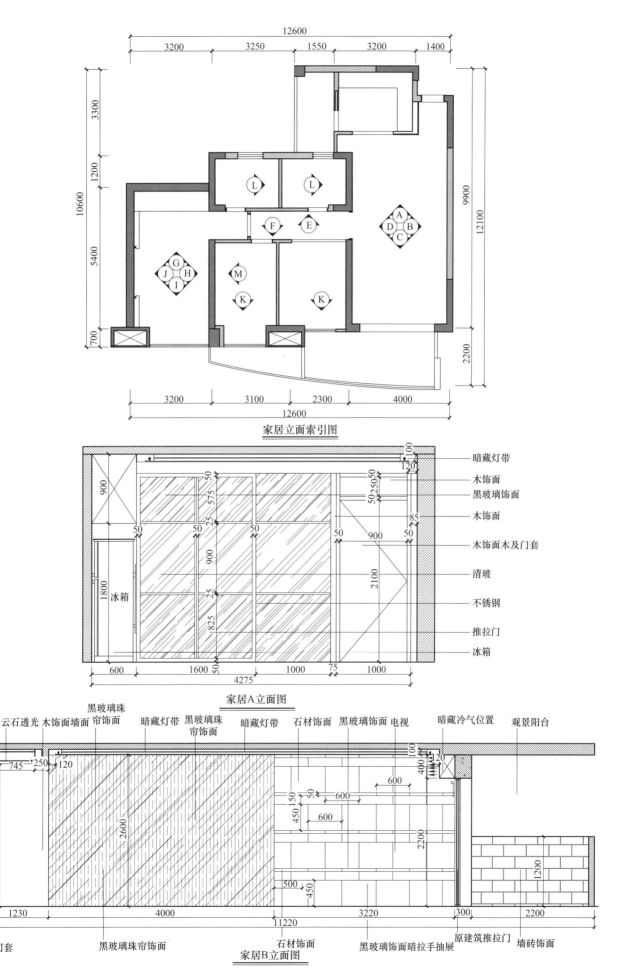

家居立面索引图

家居A立面图

家居B立面图

暗藏灯带
木饰面
黑玻璃饰面
木饰面
木饰面木及门套
清玻
不锈钢
推拉门
冰箱

冰箱

云石透光　木饰面墙面　黑玻璃珠帘饰面　暗藏灯带　黑玻璃珠帘饰面　暗藏灯带　石材饰面　黑玻璃饰面　电视　暗藏冷气位置　观景阳台

木饰面门套　　黑玻璃珠帘饰面　　石材饰面　　黑玻璃饰面暗拉手抽屉　原建筑推拉门　墙砖饰面

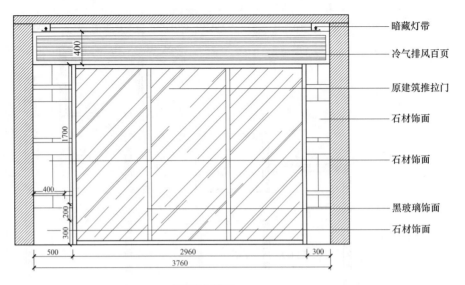

暗藏灯带

冷气排风百页

原建筑推拉门

石材饰面

石材饰面

黑玻璃饰面

石材饰面

400

1700

400

200

300

500 | 2960 | 300

3760

家居C立面图

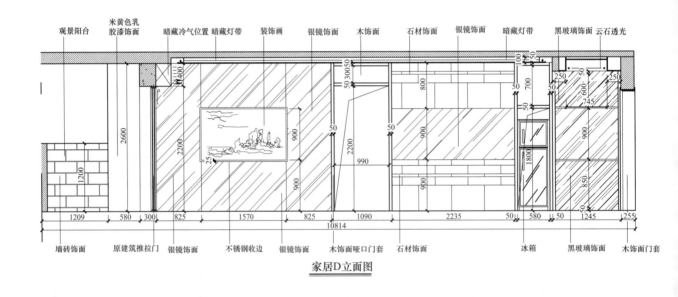

观景阳台　米黄色乳胶漆饰面　暗藏冷气位置　暗藏灯带　装饰画　银镜饰面　木饰面　石材饰面　银镜饰面　暗藏灯带　黑玻璃饰面　云石透光

2600

1200

2200

900

900

50 30 50

2200

990

800

900

900

50

50

100 50

250　250

700

600

50

745

1800

900

850

50

1209 | 580 | 300 | 825 | 1570 | 825 | 1090 | 2235 | 50 | 580 | 50 | 1245 | 255

10814

墙砖饰面　原建筑推拉门　银镜饰面　不锈钢收边　银镜饰面　木饰面哑口门套　石材饰面　冰箱　黑玻璃饰面　木饰面门套

家居D立面图

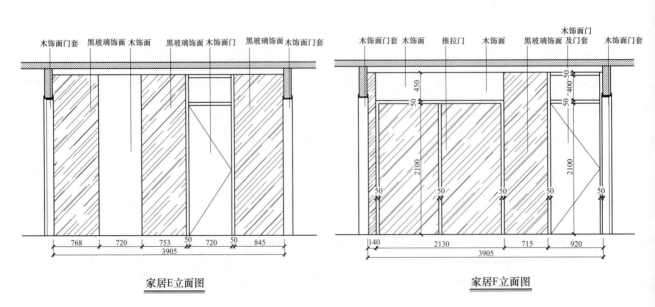

木饰面门套　黑玻璃饰面　木饰面　黑玻璃饰面　木饰面门　黑玻璃饰面　木饰面门套

768 | 720 | 753 | 50 | 720 | 50 | 845

3905

家居E立面图

木饰面门套　木饰面　推拉门　木饰面　黑玻璃饰面　木饰面门及门套　木饰面门套

450

50

50

50

2100

50

400 50

50

2100

50

140 | 2130 | 715 | 920

3905

家居F立面图

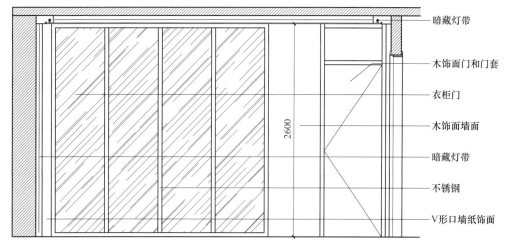

暗藏灯带

木饰面门和门套

衣柜门

木饰面墙面

暗藏灯带

不锈钢

V形口墙纸饰面

2600

家居G立面图

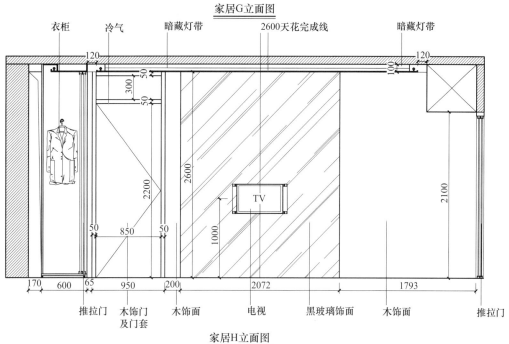

衣柜　　冷气　　　　暗藏灯带　　　　2600天花完成线　　　　暗藏灯带

120　　　　　　　　　　　　　　　　　　　　　120

100

300

50

50

2200

2600

TV

2100

1000

50　　　850　　　50

170　　600　　65　　950　　　200　　　　　　2072　　　　　　1793

推拉门　　木饰门　　木饰面　　　电视　　黑玻璃饰面　　　木饰面　　　推拉门
　　　　　及门套

家居H立面图

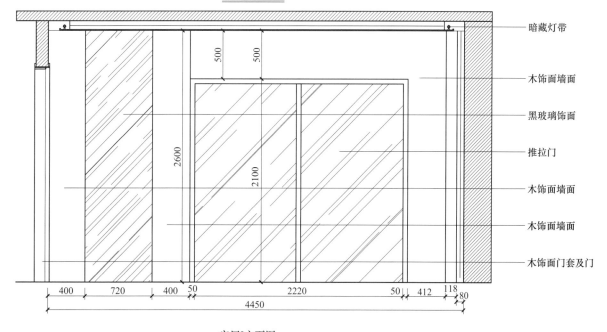

暗藏灯带

木饰面墙面

黑玻璃饰面

推拉门

木饰面墙面

木饰面墙面

木饰面门套及门

500　　500

2600

2100

400　　720　　400　50　　　2220　　　　50　412　118
　　　　　　　　　　　　　　　　　　　　　　　　　80

4450

家居I立面图

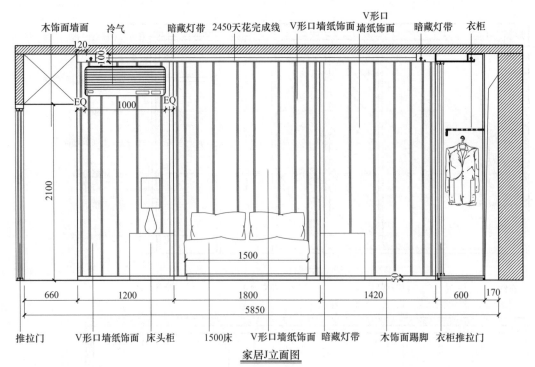

家居J立面图

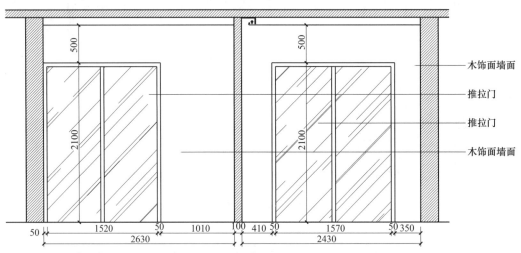

家居K立面图

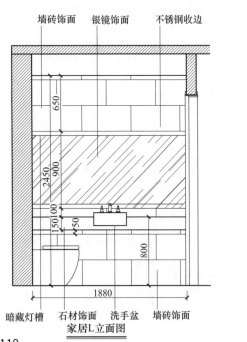

家居L立面图

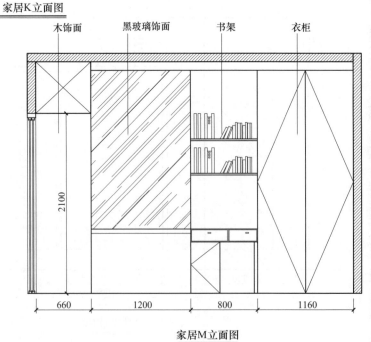

家居M立面图

方案 23: 三室 121m²

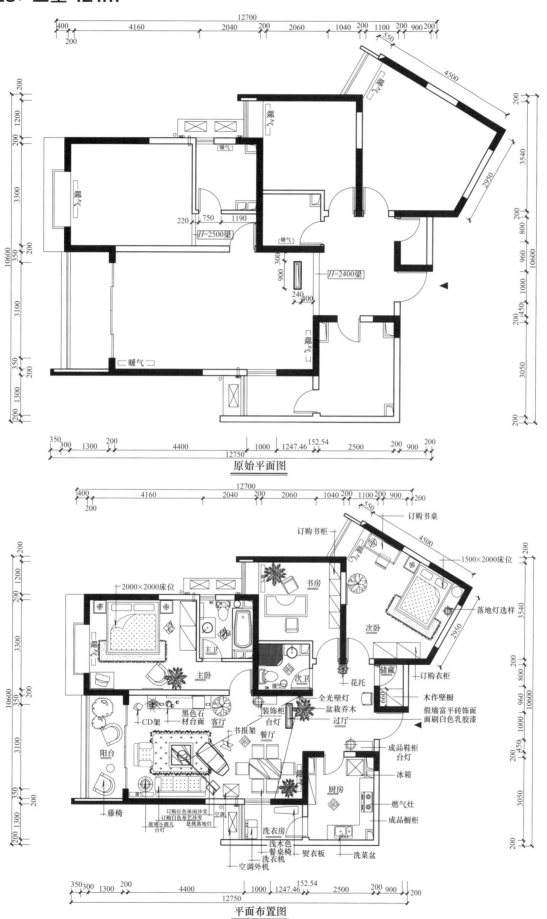

原始平面图

平面布置图

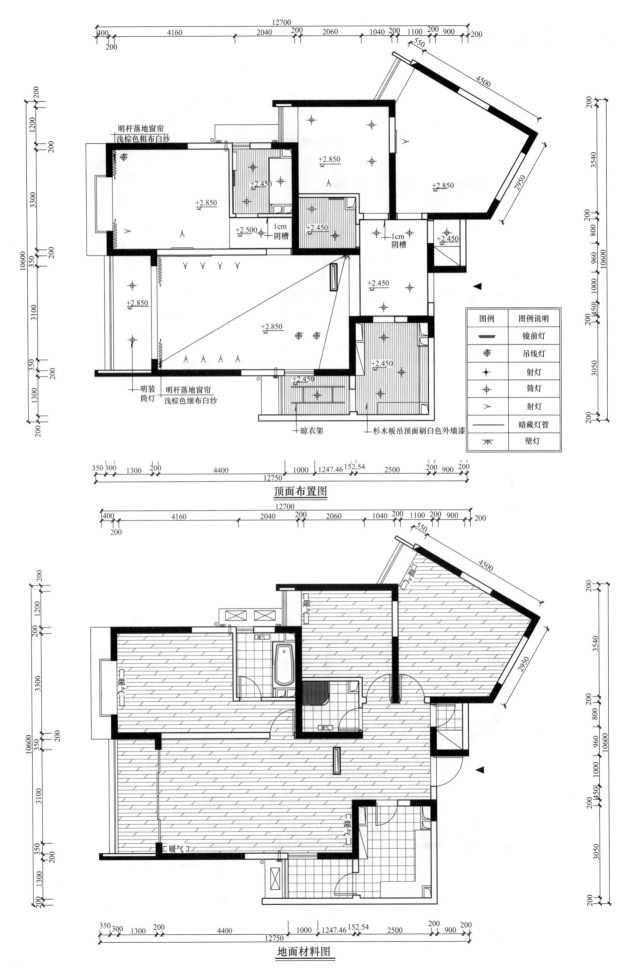

明杆落地窗帘
浅棕色粗布白纱

+2.850

+2.850

A

+2.450

A

+2.850

+2.500
1cm
阴槽

+2.450

1cm
阴槽

+2.450

+2.850

+2.850

A A A A

+2.450

+2.450

明装
筒灯

明杆落地窗帘
浅棕色细布白纱

+2.450

晾衣架

杉木板吊顶面刷白色外墙漆

图例	图例说明
	镜前灯
	吊线灯
	射灯
	筒灯
	射灯
	暗藏灯管
	壁灯

顶面布置图

暖

暖

暖

暖

暖气

地面材料图

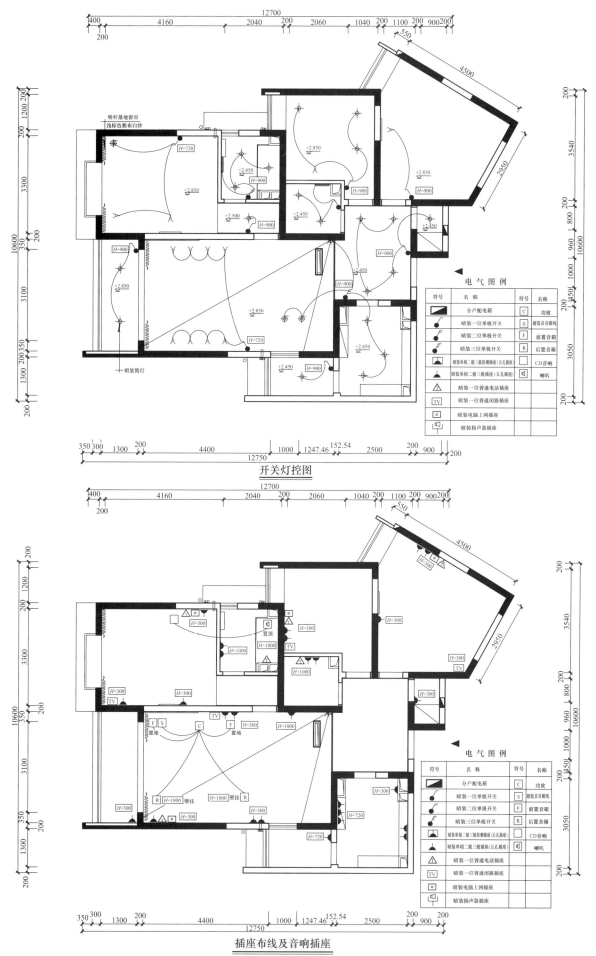

开关灯控图

插座布线及音响插座

电 气 图 例

符号	名　称	符号	名称
	分户配电箱	C	功放
	暗装一位单极开关	S	超低音箱线
	暗装二位单极开关	F	前置音箱
	暗装三位单极开关	R	后置音箱
	暗装单相二极三极防溅插座(五孔插座)		CD音响
	暗装单相二极三极插座(五孔插座)		喇叭
	暗装一位普通电话插座		
TV	暗装一位普通闭路插座		
	暗装电脑上网插座		
	暗装扬声器插座		

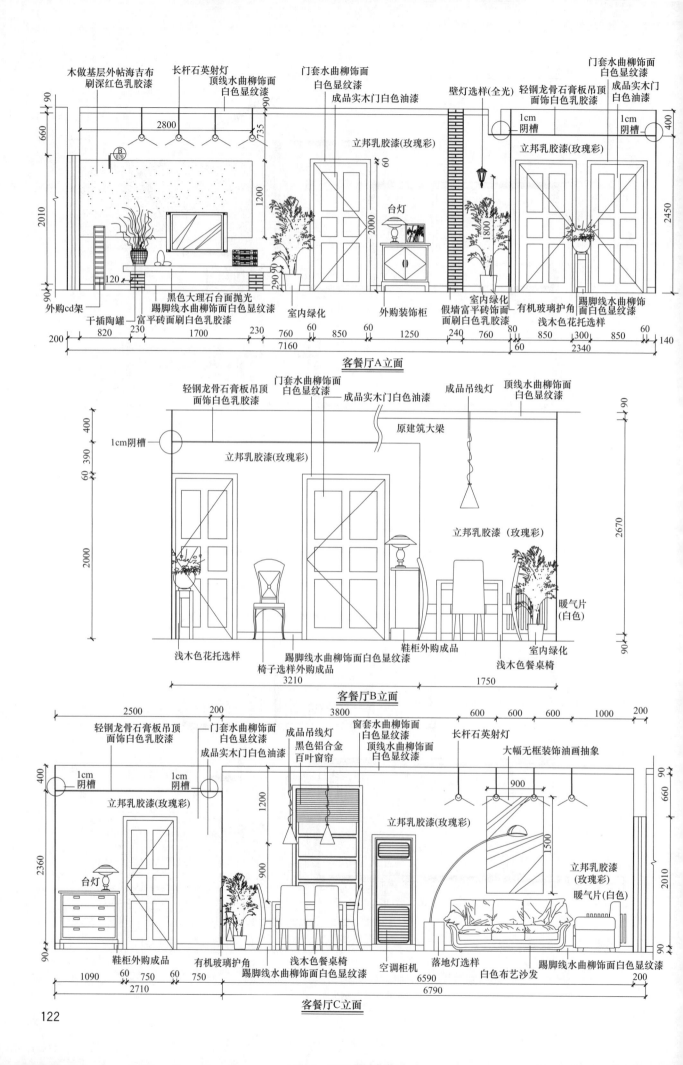

木做基层外帖海吉布
刷深红色乳胶漆　　长杆石英射灯　　门套水曲柳饰面
　　　　　　顶线水曲柳饰面　白色显纹漆　　　　壁灯选样(全光)　轻钢龙骨石膏板吊顶　门套水曲柳饰面
　　　　　　白色显纹漆　成品实木门白色油漆　　　　　面饰白色乳胶漆　白色显纹漆
　　　　　　　　　　　　　　　　　　　　　　　　　　　　　　　　　　成品实木门
　　　　　　　　　　　　　　　　　　　　　　　　　　　　　　　　　　白色油漆

2800　　　735

立邦乳胶漆(玫瑰彩)
　　　　　　　　　1cm　　　1cm
　　　　　　　　　阴槽　　　阴槽
立邦乳胶漆(玫瑰彩)
台灯
立邦乳胶漆(玫瑰彩)

外购cd架
干插陶罐　　黑色大理石台面抛光
　　　　踢脚线水曲柳饰面白色显纹漆　　　室内绿化　　外购装饰柜　　室内绿化　　踢脚线水曲柳饰
　　　　富平砖面刷白色乳胶漆　　　　　　　　　　　　　　　　　　　假墙富平砖饰面　有机玻璃护角　面白色显纹漆
　　　　　　　　　　　　　　　　　　　　　　　　　　　　　　　　　面刷白色乳胶漆　浅木色花托选样

200　820　230　1700　230　760　60　850　60　1250　240　760　80　850　300　850　60 140
　　　　　　　　　7160　　　　　　　　　　　　　　　　　　　60　　　2340

客餐厅A立面

轻钢龙骨石膏板吊顶　门套水曲柳饰面
面饰白色乳胶漆　　白色显纹漆　成品实木门白色油漆　成品吊线灯　顶线水曲柳饰面
　　　　　　　　　　　　　　　　　　　　　　　　　　白色显纹漆
1cm阴槽　　　　　　　　　　　　　　　原建筑大梁
立邦乳胶漆(玫瑰彩)
　　　　　　　　　　　　　　　　　　　　　立邦乳胶漆(玫瑰彩)
　　　　　　　　　　　　　　　　　　　　　　　　　　暖气片
　　　　　　　　　　　　　　　　　　　　　　　　　　(白色)

浅木色花托选样　　　　　成品实木门白色油漆　鞋柜外购成品　　室内绿化
　　　　椅子选样外购成品　踢脚线水曲柳饰面白色显纹漆　　　浅木色餐桌椅
　　　　　3210　　　　　　　　　　　1750

客餐厅B立面

2500　　　　200　3800　　　　600　600　600　1000　200

轻钢龙骨石膏板吊顶　门套水曲柳饰面
面饰白色乳胶漆　　白色显纹漆　成品吊线灯　窗套水曲柳饰面
　　　1cm　　　1cm　成品实木门白色油漆　黑色铝合金　白色显纹漆　长杆石英射灯
　　　阴槽　　　阴槽　　　　　　　　百叶窗帘　顶线水曲柳饰面
立邦乳胶漆(玫瑰彩)　　　　　　　　　　　　　白色显纹漆　大幅无框装饰油画抽象
立邦乳胶漆(玫瑰彩)

台灯
立邦乳胶漆
(玫瑰彩)
暖气片(白色)

鞋柜外购成品　　有机玻璃护角　　浅木色餐桌椅　空调柜机　落地灯选样　　踢脚线水曲柳饰面白色显纹漆
　　　　　　　　踢脚线水曲柳饰面白色显纹漆　　　　　　　白色布艺沙发
1090　60　750　60　750　　　　　　　　　6590　　　　　　　200
　　2710　　　　　　　　　　　　　　6790

客餐厅C立面

122

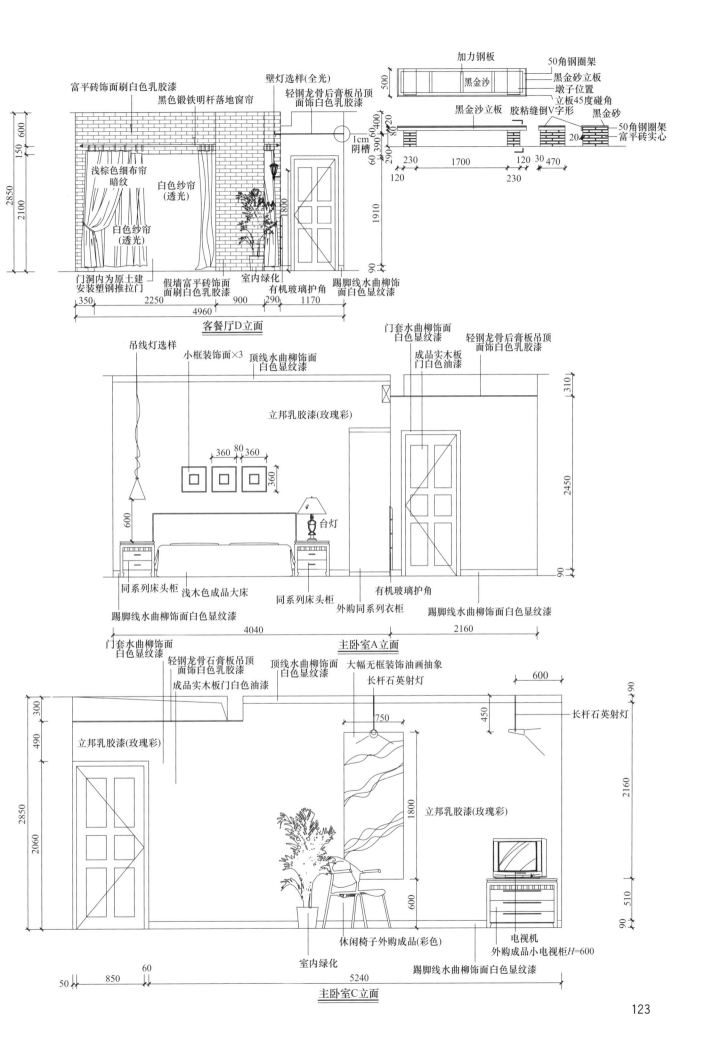

富平砖饰面刷白色乳胶漆
黑色锻铁明杆落地窗帘
壁灯选样(全光)
轻钢龙骨后膏板吊顶面饰白色乳胶漆

加力钢板
50角钢圈架
黑金砂立板
黑金沙
墩子位置
立板45度碰角
黑金砂

黑金沙立板
胶粘缝倒V字形
50角钢圈架
富平砖实心

1cm阴槽

浅棕色细布帘暗纹
白色纱帘(透光)
白色纱帘(透光)

门洞内为原土建安装塑钢推拉门
假墙富平砖饰面刷白色乳胶漆
室内绿化
有机玻璃护角
踢脚线水曲柳饰面白色显纹漆

客餐厅D立面

吊线灯选样
小框装饰面×3
顶线水曲柳饰面白色显纹漆
门套水曲柳饰面白色显纹漆
成品实木板门白色油漆
轻钢龙骨后膏板吊顶面饰白色乳胶漆

立邦乳胶漆(玫瑰彩)

台灯

同系列床头柜
浅木色成品大床
同系列床头柜
外购同系列衣柜
有机玻璃护角
踢脚线水曲柳饰面白色显纹漆
踢脚线水曲柳饰面白色显纹漆

主卧室A立面

门套水曲柳饰面白色显纹漆
轻钢龙骨石膏板吊顶面饰白色乳胶漆
成品实木板门白色油漆
顶线水曲柳饰面白色显纹漆
大幅无框装饰油画抽象
长杆石英射灯
长杆石英射灯

立邦乳胶漆(玫瑰彩)
立邦乳胶漆(玫瑰彩)

休闲椅子外购成品(彩色)
室内绿化
电视机
外购成品小电视柜H=600
踢脚线水曲柳饰面白色显纹漆

主卧室C立面

123

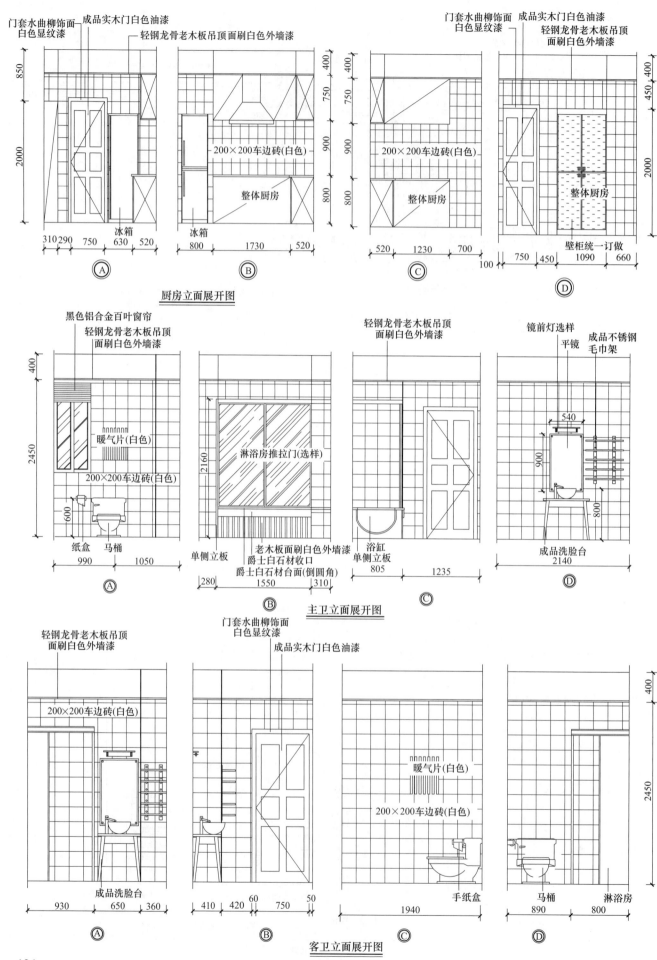

门套水曲柳饰面白色显纹漆　成品实木门白色油漆
轻钢龙骨老木板吊顶面面刷白色外墙漆

门套水曲柳饰面白色显纹漆　成品实木门白色油漆
轻钢龙骨老木板吊顶面刷白色外墙漆

850
400 400
2000
750
900
800

200×200车边砖(白色)
整体厨房

冰箱
310 290　750　630　520
Ⓐ

冰箱
800　1730　520
Ⓑ

400
750
900
800

200×200车边砖(白色)
整体厨房

520　1230　700
Ⓒ
100

450 400
2000

整体厨房

壁柜统一订做
750　450　1090　660
Ⓓ

厨房立面展开图

黑色铝合金百叶窗帘
轻钢龙骨老木板吊顶面刷白色外墙漆

轻钢龙骨老木板吊顶面刷白色外墙漆

镜前灯选样
平镜
成品不锈钢毛巾架

400
2450
600

暖气片(白色)
200×200车边砖(白色)

纸盒　马桶
990　1050
Ⓐ

2160
淋浴房推拉门(选样)

单侧立板
老木板面刷白色外墙漆
爵士白石材收口
爵士白石材台面(倒圆角)
280　1550　310
Ⓑ

浴缸
单侧立板
805　1235
Ⓒ

540
900
800

成品洗脸台
2140
Ⓓ

主卫立面展开图

轻钢龙骨老木板吊顶面刷白色外墙漆

门套水曲柳饰面白色显纹漆
成品实木门白色油漆

200×200车边砖(白色)

成品洗脸台
930　650　360
Ⓐ

410　420　60　750　50
Ⓑ

轻钢龙骨老木板吊顶面刷白色外墙漆

400
2450

暖气片(白色)
200×200车边砖(白色)

手纸盒
1940
Ⓒ

马桶　淋浴房
890　800
Ⓓ

客卫立面展开图

124

方案 24: 三室 128m²

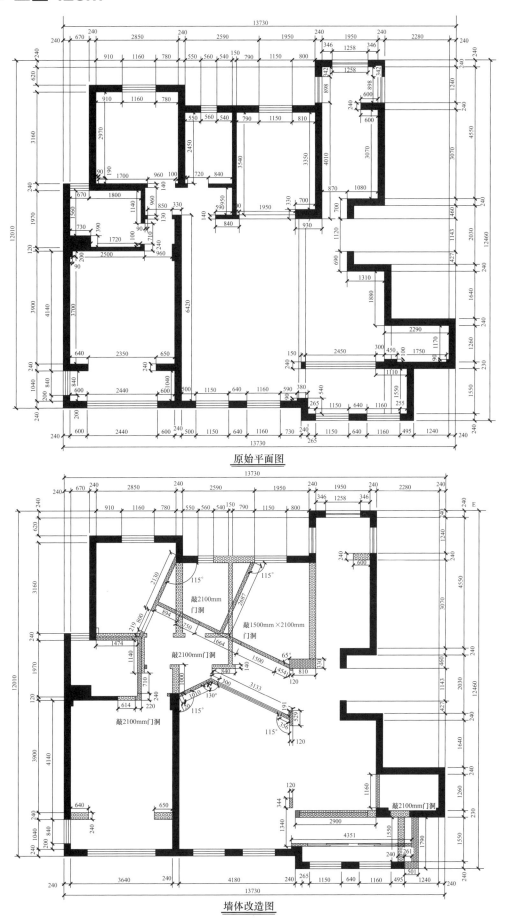

原始平面图

墙体改造图

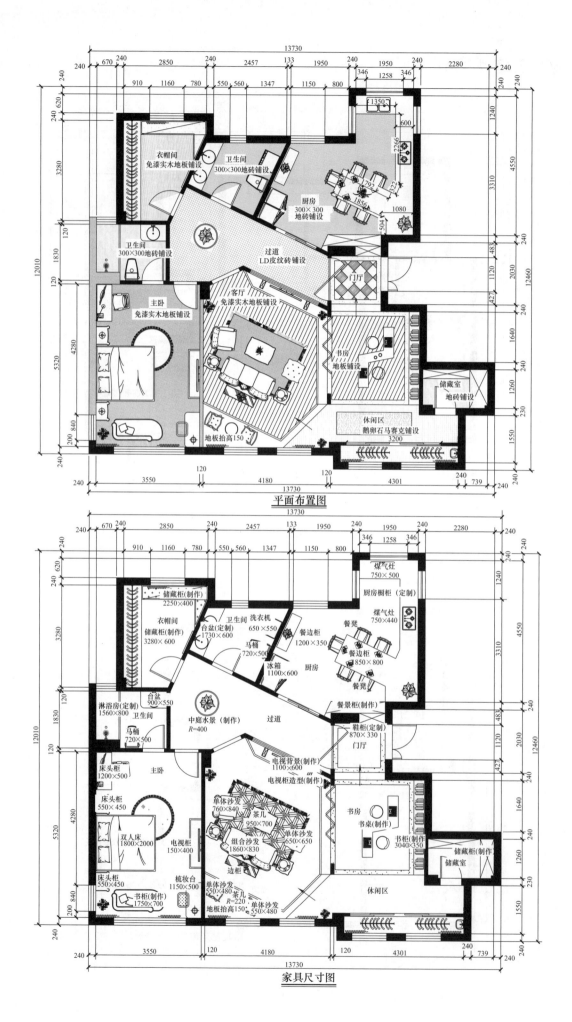

平面布置图

家具尺寸图

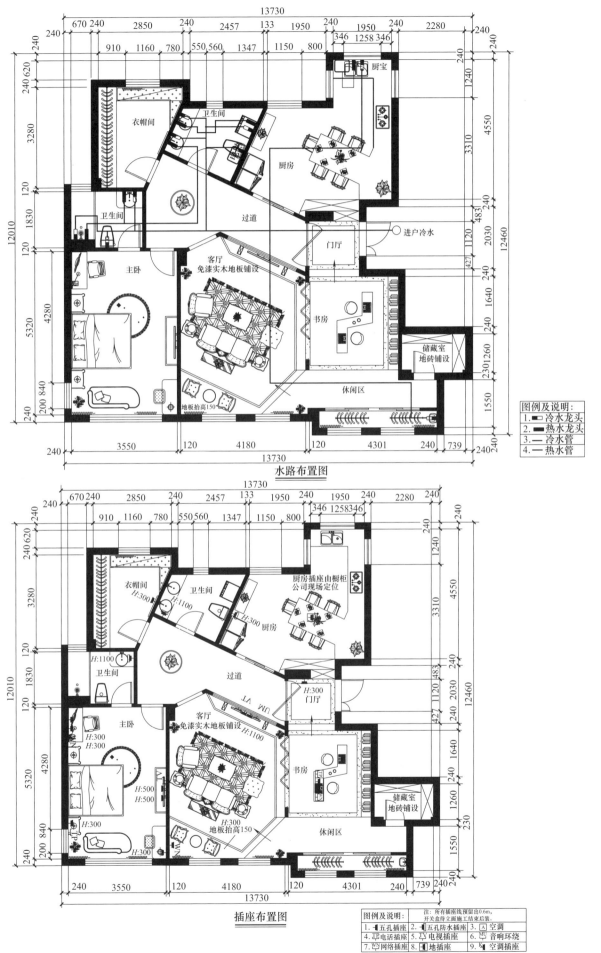

水路布置图

图例及说明：
1. 冷水龙头
2. 热水龙头
3. 冷水管
4. 热水管

插座布置图

图例及说明：注：所有插座线预留出0.6m，开关盒待立面施工结束后装。
1. 五孔插座　2. 五孔防水插座　3. 空调
4. 电话插座　5. 电视插座　6. 音响环绕
7. 网络插座　8. 地插座　9. 空调插座

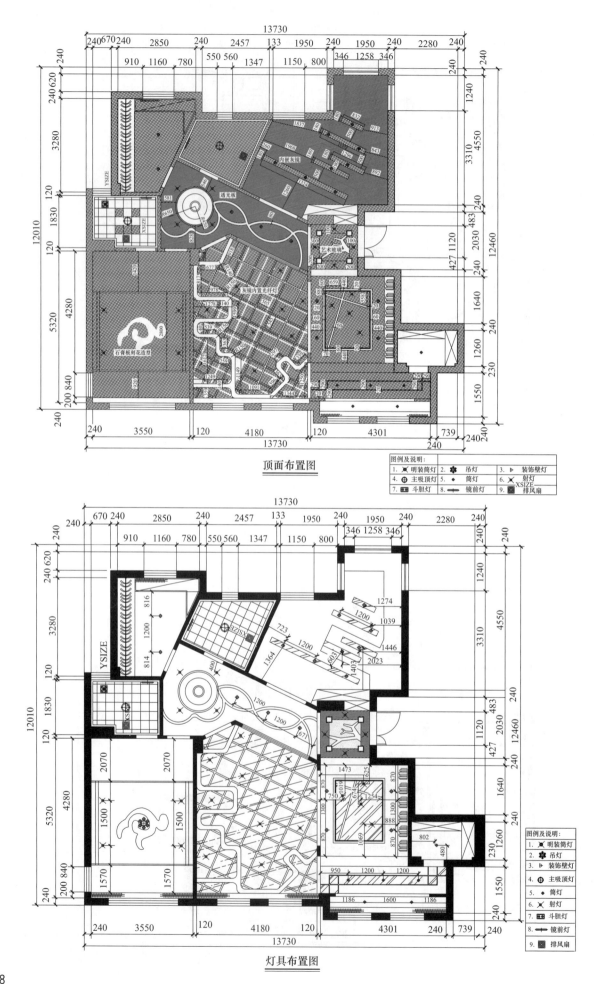

顶面布置图

图例及说明:		
1. ✖ 明装筒灯	2. ✿ 吊灯	3. ▷ 装饰壁灯
4. ⊕ 主吸顶灯	5. ◆ 筒灯	6. ✖ 射灯
7. ▦ 斗胆灯	8. ↔ 镜前灯	9. ▦ 排风扇

灯具布置图

图例及说明:		
1. ✖ 明装筒灯		
2. ✿ 吊灯		
3. ▷ 装饰壁灯		
4. ⊕ 主吸顶灯		
5. ◆ 筒灯		
6. ✖ 射灯		
7. ▦ 斗胆灯		
8. ↔ 镜前灯		
9. ▦ 排风扇		

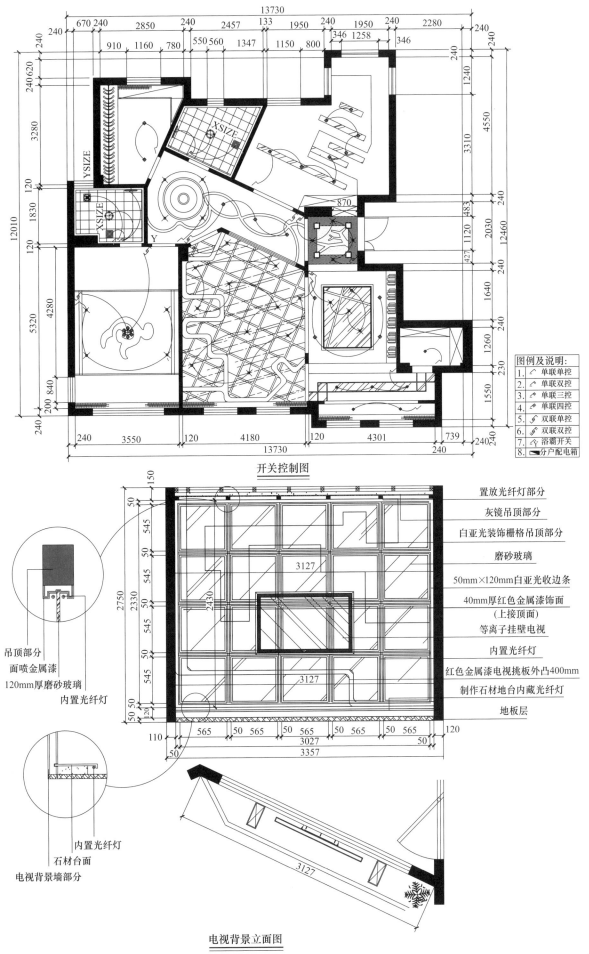

开关控制图

图例及说明:
1. 单联单控
2. 单联双控
3. 单联三控
4. 单联四控
5. 双联单控
6. 双联双控
7. 浴霸开关
8. 分户配电箱

置放光纤灯部分
灰镜吊顶部分
白亚光装饰栅格吊顶部分
磨砂玻璃
50mm×120mm白亚光收边条
40mm厚红色金属漆饰面
(上接顶面)
等离子挂壁电视
内置光纤灯
红色金属漆电视挑板外凸400mm
制作石材地台内藏光纤灯
地板层

吊顶部分
面喷金属漆
120mm厚磨砂玻璃
内置光纤灯

内置光纤灯
石材台面
电视背景墙部分

电视背景立面图

129

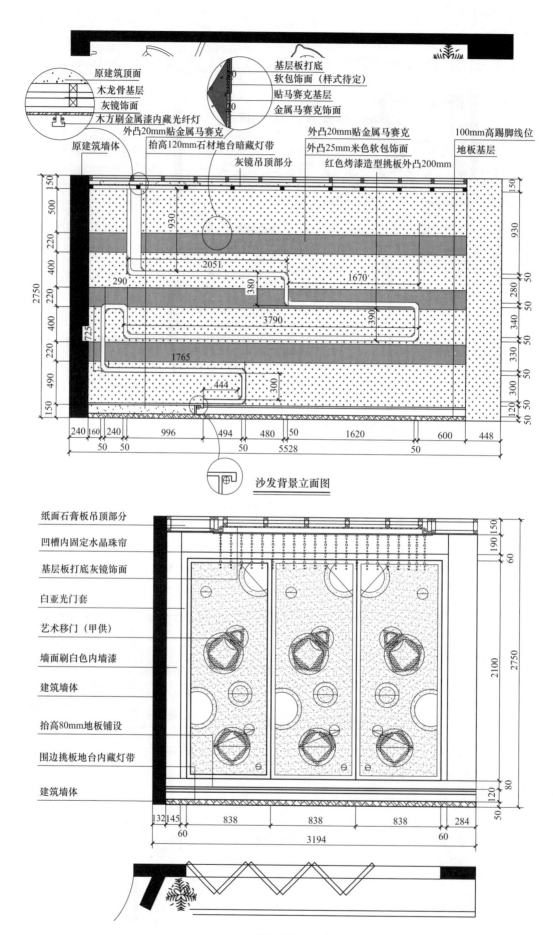

原建筑顶面
木龙骨基层
灰镜饰面
木方刷金属漆内藏光纤灯

基层板打底
软包饰面（样式待定）
贴马赛克基层
金属马赛克饰面

原建筑墙体
外凸20mm贴金属马赛克
抬高120mm石材地台暗藏灯带
灰镜吊顶部分

外凸20mm贴金属马赛克
外凸25mm米色软包饰面
红色烤漆造型挑板外凸200mm

100mm高踢脚线位
地板基层

150
500
220
400
220
400
220
490
150
2750

930
290
725
380
2051
3790
1765
444
300

1670
390

150
930
280
340
330
300
50
50
50
50
50
120
50
50

240 160 240
50 50
996
494 480 50
50
5528
1620
50
600 448

沙发背景立面图

纸面石膏板吊顶部分
凹槽内固定水晶珠帘
基层板打底灰镜饰面
白亚光门套
艺术移门（甲供）
墙面刷白色内墙漆
建筑墙体
抬高80mm地板铺设
围边挑板地台内藏灯带
建筑墙体

190 150
60
2100
2750
80
120
50

132 145
60
838 838 838
284
60
3194

客厅-书房隔断立面图

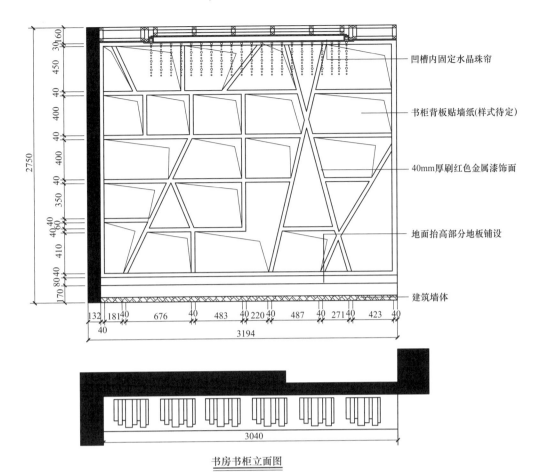

凹槽内固定水晶珠帘

书柜背板贴墙纸(样式待定)

40mm厚刷红色金属漆饰面

地面抬高部分地板铺设

建筑墙体

书房书柜立面图

原建筑墙体　　　　　　　　　　　石膏板吊顶部分　　30mm宽黑色不锈钢条收边　　外凸20mm米色软包饰面　　外凸20mm银镜饰面
原建筑窗位　成品窗帘(甲供)　原建筑窗位　外凸20mm银镜饰面　外凸20mm银镜饰面　宽60mm黑色不锈钢条收边　地板基层

主卧室床头背景立面详图

131

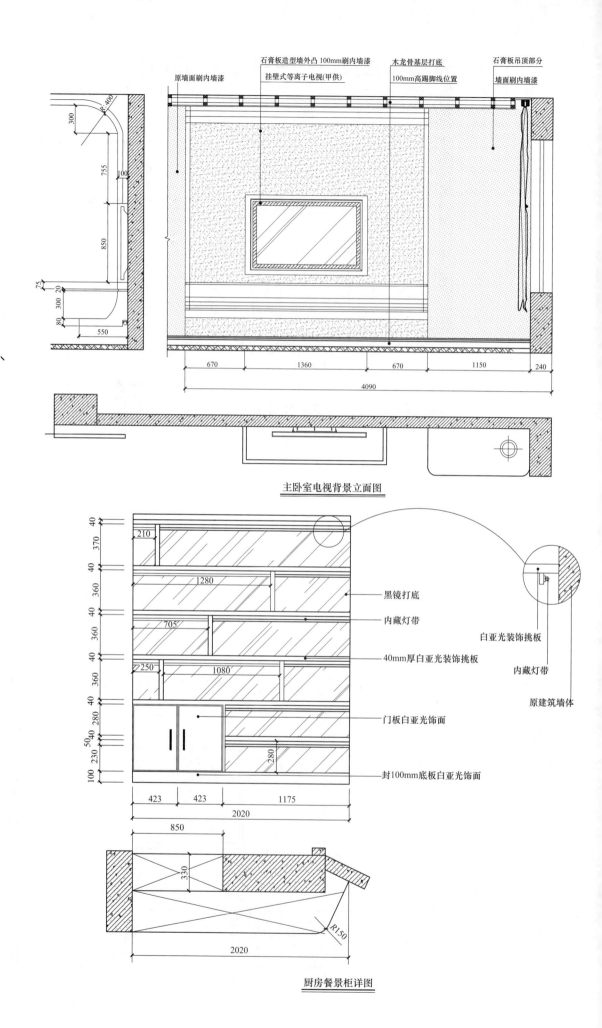

石膏板造型墙外凸100mm刷内墙漆
挂壁式等离子电视(甲供)
木龙骨基层打底
100mm高踢脚线位置
石膏板吊顶部分
墙面刷内墙漆
原墙面刷内墙漆

300
R-400
755
100
850
75
20
300
80
550

670   1360   670   1150   240
4090

主卧室电视背景立面图

40
40
370
210
40
360
1280
40
705
360
40
360
250   1080
40
280
50
40
230
100

黑镜打底
内藏灯带
40mm厚白亚光装饰挑板
门板白亚光饰面
封100mm底板白亚光饰面

白亚光装饰挑板
内藏灯带
原建筑墙体

280

423   423   1175
2020

850
330
R150
2020

厨房餐景柜详图

132

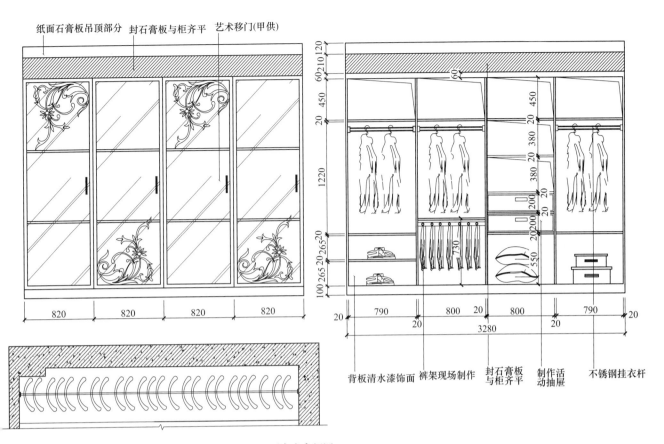

纸面石膏板吊顶部分　封石膏板与柜齐平　艺术移门(甲供)

820　820　820　820

背板清水漆饰面　裤架现场制作　封石膏板与柜齐平　制作活动抽屉　不锈钢挂衣杆

更衣室衣柜图

背板清漆饰面　　侧板清漆饰面
隔板清漆饰面

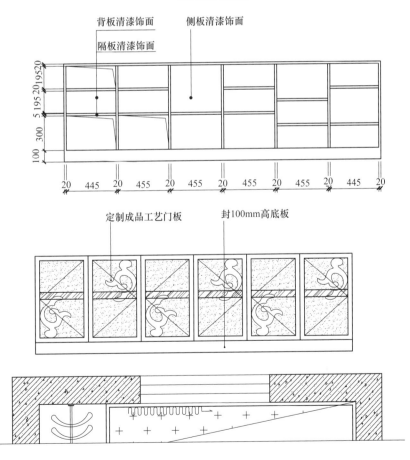

20　445　20　455　20　455　20　455　20　455　20　445　20

定制成品工艺门板　　封100mm高底板

更衣室矮柜图

133

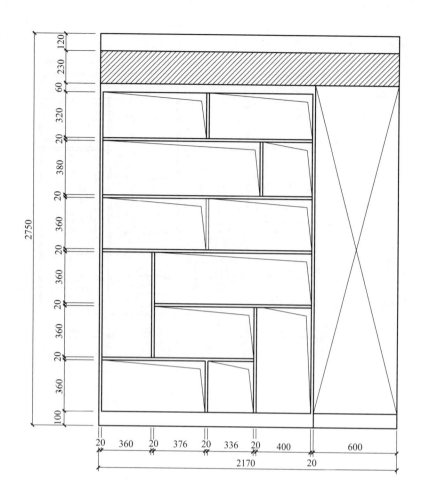

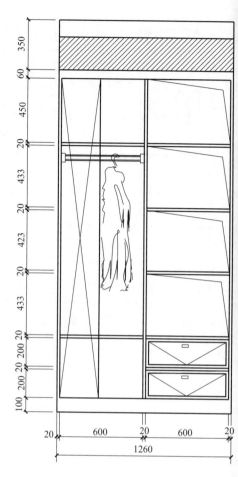

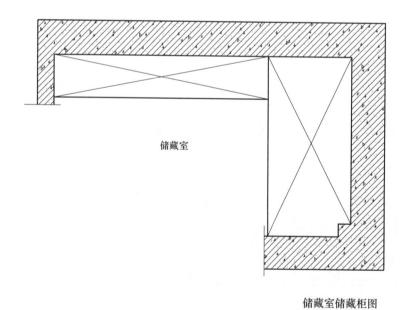

储藏室

储藏室储藏柜图